U0185547

水利水电工程水闸施工技术控制措施及实践

畅瑞锋　著

黄河水利出版社

·郑州·

内 容 提 要

水利水电工程主要用于蓄水、灌溉、发电、排水等,其中水闸在整个水利水电工程中发挥着不可替代的重要作用,因此水闸施工是一项非常重要的施工程序,其施工质量直接关系到水闸设备的安全性和稳定性。本书主要讲述了水闸工程概况,施工技术的控制要点,施工总布置,提高水闸工程技术的主要措施,施工安全、施工组织与管理等内容,优化了施工工艺,加强了施工技术控制,保障了水闸施工安全和施工质量,实用性较强,对于水利水电工作者具有一定的指导意义。

本书可作为水闸施工技术人员及监理人员的参考用书。

图书在版编目(CIP)数据

水利水电工程水闸施工技术控制措施及实践/畅瑞锋著. —郑州:黄河水利出版社,2022.5
ISBN 978-7-5509-3279-1

Ⅰ.①水… Ⅱ.①畅… Ⅲ.①水利水电工程-水闸-工程施工 Ⅳ.①TV66

中国版本图书馆 CIP 数据核字(2022)第 077611 号

出 版 社:黄河水利出版社   网址:www.yrcp.com
地址:河南省郑州市顺河路黄委会综合楼 14 层   邮政编码:450003
发行单位:黄河水利出版社
　　发行部电话:0371-66026940、66020550、66028024、66022620(传真)
　　E-mail:hhslcbs@ 126.com
承印单位:广东虎彩云印刷有限公司
开本:787 mm×1 092 mm 1/16
印张:9.75
字数:230 千字
版次:2022 年 5 月第 1 版   印次:2022 年 5 月第 1 次印刷

定价:49.00 元

前　言

　　水闸是水利工程及与水利工程相关的电力工程所必备的组成部分,其施工质量的好坏直接关系水闸设备的安全性和稳定性,所以需要对水闸工程的主要特点进行了解,明确其设计的标准。这样在施工过程中才能有效地控制施工技术要点,确保水闸工程施工的质量。保障水闸具有良好的施工质量,就一定要在实际的施工过程中,不断总结经验教训,以提高水闸施工技术,利用好现代化的施工工具、科学的施工技术,保证施工质量,提高施工效率,使得水闸设备的安全性得到保障,稳定性得到提升。

　　水闸在防洪、治涝、灌溉、供水(引水)、航运、发电等水利水电枢纽中应用十分广泛。水闸建设的质量,对社会的经济发展和人民的人身安全等有着十分重要的意义。因此,提高水利专业人员职业素质对保护国家安全和财产有着极其重要的意义。

　　为努力推动水利实现跨越式发展,为满足广大水利工程施工、监理等技术人员的需要,在少而精、易掌握的前提下,根据多年从事工程建设施工、监理的经验,编写了本书。其知识性、系统性、完整性、严谨性和实用性较强,能理论联系实际,满足实践需求,使广大施工、监理等技术人员快速掌握水闸工程施工的基本方法、工序和建设材料性质,并将所学理论知识和方法在工程实践中加以应用。

　　本书内容简明扼要,易于理解,适合水利水电工程专业教学使用,也可供相关领域的技术和管理人员参考。

　　本书编写过程中参考了相关人员的文献,并收集了有关单位的施工组织设计。在此,对这些书刊、资料的作者表示衷心的感谢!

　　由于编者水平有限,加之时间仓促,难免存在不足之处,恳请广大读者批评指正。

作　者

2021 年 12 月

目　录

第一章　绪　论

一、水闸工程的现状与存在的问题分析

水闸是建于河道、渠系、湖岸、水库边上利用闸门挡水、泄水的水工建筑物,在城市供水、灌溉、防洪、排涝、挡潮、通航等服务中发挥着重要作用。而水闸运行条件复杂,加上不少水闸建成年代久远,限于当时的技术经济条件,普遍存在建设标准低、工程质量差、配套设施不足等先天缺陷,兼之维护管理手段落后,所以水闸运行状态并不理想。

水闸工程存在以下问题:

(1)水闸老化失修,超期服役严重。

我国大部分水闸建于 20 世纪 50~70 年代,80 年代后建成的水闸比例不到 30%,水闸老化严重,尤其是金属结构和机电设备很多都在超期服役,因此水闸的功能退化,安全性下降。受到当时社会经济环境影响,早期水闸建设普遍存在"边勘察,边设计,边施工"的"三边"现象,甚至不经勘察、设计就开工建设。所以,水闸工程建设总体质量较差,再加上长期运行过程中缺少资金维护,只进行必要的修理,"小伤小病"熬成"大病大险"。

(2)管理体制不顺,管理手段落后。

水闸工程管辖权分散于地方水务局、灌区管理局、河道堤防管理局等多个部门单位,甚至一座水闸被两个单位共管,这给水闸工程日常运营管理带来不少问题:一是工程检查观测不到位,工程养护维修不周到,工程控制运用不严密,工程调度不科学;二是工程管理体系不健全,不结合水闸工程实际情况制定相应的管理规程,致使规章制度的可行性和可操作性不足,日常运行、操作、维护尚未走上规范化、科学化、标准化的轨道。在管理手段运用上因循守机制不活,手段不灵,投入不足,运行观测设施简陋、低效。

(3)配套设施不足,技术力量薄弱。

由于水闸工程建设标准低,因此配套设施明显不足。例如,闸房破口,缺少管理房;安全监测设施不足,缺乏必要的雨水情预测预警手段;进闸公路破损,甚至没有进闸公路;防汛、办公、通信设施不完善等。仅凭肉眼无法准确判断闸室结构的应力变化、基础位移的大小,而且也不能有针对性地制订维护、检修计划,科学调度、合理控制就更谈不上了。随着国家、地方对水利工程投入的不断增加,各水闸工程的便利条件有了明显的改善,除险加固工作也在持续推进。然而水务职工整体素质并未有明显改善,由于水闸站点较为偏远,工作条件较为辛苦,工资待遇比其他行业没有明显优势,因此留不住高素质人才,现有职工队伍老龄化较为严重,难以适应信息化、科学化的管理要求。

二、水闸工程的主要特点

水闸工程的水闸具有关门挡水、开门泄水的作用,因此当进行关门挡水时,由于上下游之间具有一定的水位差,会产生巨大的水平推力和渗透压力,进而可能导致闸室发生向

下滑动或闸基等不稳定的现象;当开门泄水时,过闸水的形态较为复杂,流速较大,因此会产生较大的冲刷力,严重威胁两岸和河床的安全。这就需要在进行水库工程设计时,重视水闸的抗滑稳定性及抗渗性能,充分考虑各方面的影响因素,确保设计的尺寸与地基条件协调统一,使水库结构具有较好的坚实性,外观美观大方,具有较好的经济性,易于施工,不会对周围环境带来较大的破坏等,这都需要在水闸工程设计时作为其设计的标准。

三、水闸工程的重要性

水闸最基本的功能是挡水和泄水,通过对水流量和水位的控制,完成泄洪、引水、排水和挡潮的工作。水闸可分为三个部分:①上游的连接段;②闸室;③下游的连接段。其中,通过将上游连接段和闸室相连接,可以使流入的水流较为平稳地进入闸室,进而避免河流两岸及河床受到水流的冲刷。同时,将下游连接段与下游河床相连接,可以减小水流的流速,使得下泄水流的动能和冲击力减小,避免了水流在出闸之后对下游造成强烈的冲刷。闸室在水闸工程建设中占有十分重要的地位,同时还是水闸最主要的部分之一。而闸墩的作用是将闸孔与支撑闸门分割开来,同时闸墩还能将胸墙、交通桥与工作桥等分割开来。交通桥与工作桥的作用是安装启闭设备、操作闸门及连接两岸的交通。

水闸是水利工程及与水利工程相关的电力工程所必备的组成部分,其施工质量的好坏直接关系水闸设备的安全性和稳定性,所以需要对水闸工程的主要特点进行了解,明确其设计的标准,这样在施工过程中才能有效地控制施工技术要点,确保水闸工程施工的质量。保障水闸工程具有良好的施工质量,就一定要在实际的施工过程中,不断总结经验教训,以提高水闸施工技术,利用好现代化的施工工具、科学的施工技术,保证施工质量,提高施工效率,使得水闸设备的安全性得到保障,稳定性得到提升。

第二章　施工技术的控制要点

第一节　施工测量

一、一般规定

（1）应由专业人员负责施工测量工作，准确提供各施工阶段所需的测量资料，并及时分析与归档。应定期对测量仪器仪表进行检定。

工程测量是对整个水闸工程平面位置和高程进行测设的工作，对整个水闸工程起着宏观控制和微观控制的作用，它贯穿于整个工程施工过程，是工程施工中很重要的工作。施工单位要高度重视工程测量工作，要配置专业人员负责该项工作。

测量仪器仪表是测绘工程质量管理的关键，是测量人员对工程施控的有效工具。各种测量仪器仪表要符合国家关于计量器具的管理规定，使用前后要进行常规检验校正，使用过程做好维护，使用后及时进行维护。同时，各种仪器仪表要定期送到具有资质的部门进行检定。周期为1年，检定周期一般不超过规定时间，以确保测量的准确和精度。

不要使用未经检验和检定、校正不到出厂精度、超过检定周期，以及零配件缺损和示值难辨的仪器。

（2）应通过现场交桩的方式接收测量基准点；应对移交的基准点进行复测。

在收项目法人（监理）提供的工程施工图纸和有关技术文件后，施工单位要组织工程技术人员熟悉、研究所有技术文件和图纸。为避免出现资料与现场实物对应上出现差错，要由项目法人（监理）和施工单位一起进行现场确认并复核测量基准资料与现场的情况是否相符，各类图纸之间的相关尺寸、坐标、高程等是否一致。

（3）通过基准点布设施工控制网，施工控制网桩点应统一编号后展绘于施工总平面图上，并注明各桩点平面坐标和高程。

（4）施工过程中，应对施工控制网进行定期或不定期的检测；控制桩点位有变化时，应及时复测。

水利水电工程施工控制网一般建立于施工初期，处于大规模开挖阶段，同时受地形地貌的限制，控制点位一般布设在距离施工区域较近。由于开挖的影响以及河床开挖后的卸荷变形，会使两岸基岩岸坡产生不可忽视的位移。

复测不仅能表明点位的变化，以保证放样的精度，而且可发现岸坡的稳定情况，防止安全事故的发生。

《水利水电工程施工测量规范》（SL 52—2015）的规定，平面控制网建立后，应定期进行复测，尤其在建网一年后或大规模开挖结束后，必须进行一次复测。

（5）可根据具体施工需要在施工控制网基础上加密建立多级施工控制网。

（6）施工控制网桩点布设测量应由两人进行测量,相互检查核对,并进行记录。由于施工控制点的布设是基础性的工作,重要性突出,因此强调要两人互相检核。

（7）施工控制网桩点的选点、埋设及标志应符合 SL 52 的规定。

二、施工控制测量

（1）施工控制测量应遵循从整体到局部,先控制后碎部的原则。

（2）平面控制测量应符合下列规定:

①施工平面控制网的坐标系统,宜与设计坐标系统一致。

②平面控制网的建立,可采用全球定位测量（GPS）、三角形网测量和导线测量等方法;平面控制网建立方法的选择,应因地制宜。应根据工程规划及放样点的精度要求,做到技术先进、经济合理、质量可靠。

③平面控制网的加密布设,可根据地形条件及放样决定,以 1~2 级为宜。

建筑物总平面布置图是根据设计测放的地形图绘制的,因此规定了施工平面控制网的坐标系要与设计坐标系一致或有换算关系,以减少施工误差。

（3）高程控制测量应符合下列规定:

①施工高程控制网的坐标系统,应与设计坐标系统一致。

②高程控制网应布设成环形,加密时宜布设成附合路线或节点网。

③三等及以上等级高程控制测量宜采用水准测量,四等及以下等级高程控制测量可采用电磁波测距三角高程测量,五等高程控制测量也可采用全球定位测量（GPS）拟合高程测量。

（4）施工控制网点位的选定除应满足通视良好、交通方便、地基稳定、有利长期保存和加密的条件外,还应符合下列规定:

①卫星定位测量控制点位应远离大功率无线电发射源（如电视台、微波站等）,其距离不应小于 200 m;并应远离高压电线,其距离不应小于 50 m;高度角在 15°以上的范围内无障碍物。

定位卫星信号本身是很微弱的,为了保证接收机能够正常工作及观测成果的可靠性,故要注意避开周围的电磁波干扰源。卫星高度角的限制主要是为了减弱对流层对定位精度的影响,随着卫星高度的降低,对流层影响愈显著,测量误差随之增大。因此,高度角一般都规定大于 15°。

②采用电磁波测距时,导线点位之间应避开烟囱、散热塔等发热体及强电磁场。

③采用数字水准仪作业时,水准路线还应避开电磁场的干扰。

三、施工放样

（1）施工放样前,应根据设计文件和使用的施工控制网计算放样数据并校核,对已有数据、资料文件中的几何尺寸应校核后使用。

由于收集的图纸、资料与施工放样有关的数据、尺寸可能存在错误,如不进行校核,一旦用错误的数据、尺寸进行放样,后果严重,特别是在当前广泛使用电子计算机的情况下,要强调对输入原始数据正确性的校核和对计算程序的确认。

（2）施工放样测量应采用重复测量或闭合测量的方法进行。现场放样及检查资料均应记录在规定的放样手簿中，所有栏目应填写完整，不得涂改。放样点线应进行复核后交付使用。放样数据手簿，对于施工测量人员现场找有关数据，及时校对现场放样中出现的情况和以后整理资料十分重要。

（3）平面位置的放样方法应根据放样点精度要求、现场作业条件、仪器设备等因素适宜选择，可分别采用角度前方交会法、极坐标法和轴线交会法等。

（4）高程放样方法应根据放样点精度要求、现场的作业条件等因素适宜选择，可分别采用水准测量法、电磁波测距三角高程法和视距法等。

（5）基础开挖前应根据设计数据实地测放出控制开挖轮廓的坡顶点、转角点或坡脚点，并用醒目的标志加以标定；开挖过程中，应定期测量收方断面图或地形图。当开挖部位接近设计高程位置时，应及时测量基础轮廓点高程，并将欠挖部位及尺寸标于现场。

（6）底板浇筑完成后，应在底板上标定出主轴线、各闸孔中心线和门槽控制线，然后再通过标定的轴线测定闸墩、门槽、翼墙等的立模线。

（7）各种曲线、曲面立模点放样，应根据设计文件和模板制作的不同情况确定放样的密度和位置，曲线起讫点、中点、折线的折点应放出，曲面预制模板宜增放模板拼缝位置点。曲线、曲面放样应预先编制数据表，始终以该部位的固定轴线（固定点）为依据，采用相对固定的测站和方法。

（8）施工放样轮廓点测量允许偏差应符合表2-1的规定。施工测量的允许偏差指标是根据《水利水电工程施工测量规范》（SL 52—2015），以及水闸不同部位和重要程度，并结合测量放样的实践经验制定的。外部变形观测的要求有另行规定。

表2-1 施工放样轮廓点测量允许偏差 单位：mm

部位		允许偏差	
		平面	高程
混凝土	闸室底板	±20	±20
	闸墩、岸墙、翼墙	±25	±20
	铺盖、消力池、护底、护坡	±30	±30
浆砌石	闸墩、岸墙、翼墙	±30	±30
	护底、海漫、护坡	±40	±30
干砌石	护底、海漫、护坡	±40	±30
土石方开挖		±50	±50

（9）闸门预埋件的安装高程和水闸上部结构高程的测量，应在闸底板上建立初始观测基点，采用相对高程进行测量。其中，闸门预埋件的安装放样点测量允许偏差应符合表2-2的规定。对闸门（特别是弧形闸门）预埋件和闸门安装高程测量，以底板浇筑后的初始观测点的高程为基准（一般取底板沉降观测的首次观测值），始终采取相对高差进行测放，不再考虑水闸沉降的影响，以保持各工程部位相对几何高差的同一性。

表 2-2   闸门预埋件的安装放样点测量允许偏差   单位:mm

设备种类	细部项目	允许偏差	
		平面	高程
平面闸门	主反轨之间的间距和侧轨之间的间距	-1~+4	—
弧形闸门	—	±(2~3)	±(1~3)

注:1. 平面闸门安装的允许偏差是相对门槽中心线的。

2. 弧形闸门安装的允许偏差是相对于安装轴线的。

(10)对软土地基的高程测量是否要考虑沉降因素,应与设计单位联系确定。

四、竣工测量

(1)竣工测量应随着施工的进展,按竣工测量的要求,逐步积累采集竣工资料。待工程完工后,再进行全面的竣工测量和资料整理工作。

(2)竣工测量的施测精度不应低于施工测量放样的精度。

(3)竣工测量应提供下列资料:

①闸室段、上游连接段和下游连接段基础开挖建基面的 1:200~1:500 地形图(或高程平面图)或纵断面图、横断面图;上下游引河的平面图和断面图。

②闸室段、上游连接段和下游连接段基础处理竣工图及总体平面、断面图。

③闸孔的门槽附近、闸墩尾部、护坦曲线段、斜坡段、闸室底板及翼墙等部位细部平面图和断面图。

④金属结构、机电设备埋件及监测设施埋设安装竣工图。

⑤建筑物内部的各种重要孔、洞的平面图和断面图。

⑥有特殊要求部位的平面图和断面图。

(4)竣工测量所绘图纸应与设计图纸相对应,图表编绘应符合工程档案验收要求。

第二节   施工导流

水闸是修建在河道或渠道上利用闸门控制流量和调节水位的低水头水工建筑物,可以拦洪、挡潮或抬高上游水位,以满足灌溉、航运、发电、工业及生活用水等需求,在水利工程中应用广泛。

因在河道及渠道上修建水利水电工程的水闸,施工期间往往会与社会各行业对水资源的技术控制和综合利用的要求发生矛盾,如防汛、供水、发电等,故必须在整个施工过程中对河道进行控制。也就是,将河道上游的来水量按预定的施工技术措施进行控制,来解决工程施工和水流蓄泄的矛盾,创造干地施工的条件,避免水流对建筑物施工造成的不利影响。

因此,应根据施工导流的特点,选定导流建筑物的布置、构造形式及尺寸,并拟定导流建筑物拆除、堵塞的施工方法及截流河床断面、拦洪度汛的方案,基坑排水的措施等。

一、施工导流的特点

施工前由于水闸所建的位置具有地表水或较高的地下水,施工无法进行,因此在施工前必须设法把这两部分水流引至水闸位置以外。所以,施工导流首先要修建导流泄水建筑物,再修建挡水建筑物(围堰)进行河道截流,迫使河道水流改由导流泄水建筑物下泄,即利用临时挡水建筑物(围堰)抬高水位,并沿着事先开挖的引水渠,将河流引导到水闸的下游,然后进行施工过程的基坑排水,以保证施工场地的干燥。其主要特点如下:

(1)施工导流虽属临时工程,但在整个水闸的工程施工中是一项至关重要的单项工程,它不仅关系整个工程的施工进度及工程完成时间,而且对施工方法的选择、施工场地的布置及工程的造价有着很大的影响。

(2)为了解决好施工导流的问题,其设计和施工时的任务是,事先研究分析当地的自然条件、水文地质、气候等因素和工程特性及其他行业对水资源的需求,选择导流方案,划分导流时段。

(3)在工程的施工组织设计中,必须做好施工导流设计。根据当地的水位资料、地形地貌的具体情况,选定导流标准和导流设计流量,确定导流建筑物和围堰的形式、布置方法、构造和尺寸。

(4)合理拟定导流和挡水建筑物修建、拆除、封堵的施工方法,拟定河道截流、拦洪度汛和基坑排水的技术措施,并通过经济技术比较,选择一个最经济合理的导流方案。

二、施工导流的方法

施工导流的基本方法可分为两类:一类是全段围堰法导流,即河床外导流;另一类是分段围堰法导流,即河床内导流。

(一)全段围堰法导流

全段围堰法导流是指在河床外距水闸主体工程轴线(水闸)上下游一定距离各修建一道拦河坝体,使河道中的水流经河床外修建的临时泄水建筑物或永久泄水建筑物下泄,待主体工程建成或接近建成时,再将临时泄水建筑物封堵或拆除。

全段围堰法,按泄水建筑物的类型不同可分为明渠导流、涵管导流等,一般适用于枯水期,流量不大、河道狭窄的中小河流。

1.明渠导流

明渠导流是指在河岸或河滩的一边开挖渠道,上下游围堰一次拦断河床形成基坑,保护主体水闸建筑物干地施工,天然河道水流经河岸或滩地所开的导流明渠流向下游。

1)明渠导流的布置形式

布置导流明渠,应在较宽的台地或滩地,渠身轴线要伸出上下游围堰外坡脚,水平距离要满足防冲要求,一般以50~100 m为宜。为了施工方便,渠线要短,一定要保证明渠中水流顺畅。为此,一般要求进口中心与河道主流的交角小于30°,其转弯半径不宜小于3~5倍的渠底宽度。为了延长渗径,减少明渠中的水流渗入基坑,明渠与基坑之间要求有足够的距离。导流明渠最好是单岸布置,以利于工程施工和避免深挖方。

明渠进出口位置和高程,应根据实际的地形地貌及地质条件确定。基本要求:明渠进口、出口力求不冲不淤和不产生回流,可通过水利模型调整试验来确定进口的形式和位置,以达到理想的效果。进口高程按截流设计选择,一般由下游消能控制,通航的河道进出口高程和渠道水流流态应满足施工时通航和排水的要求,在满足上述条件的情况下,尽可能抬高进出口高程,以减少水下开挖的工程量。

2)明渠断面形式的选择

明渠断面形式的选择:一般选择梯形,当渠底为坚硬岩石时,可设计成矩形。有时为满足截流和通航的不同目的,也可设计为复式梯形断面。

3)明渠断面尺寸的确定

明渠断面尺寸应由设计导流流量控制,并受地形、地质和允许抗冲流速的影响,应按不同的明渠断面尺寸与围堰相组合,通过计算和综合分析确定。

渠道的过水断面面积可按下式计算:

$$A = \frac{Q}{[v]} \qquad (2-1)$$

式中　A——明渠过水断面面积,m^2;

　　　Q——导流设计流量,m^3/s;

　　　$[v]$——渠道中的允许流速,m/s。

4)明渠糙率的确定

明渠糙率的大小直接影响明渠的泄水能力,而影响糙率大小的主要因素与渠道衬砌材料、开挖方法、渠底渠坡的平整度等有关,可根据具体情况查阅有关资料确定。对重要的大型明渠工程,应通过模型试验选取糙率。

明渠结构布置应考虑后期封堵要求。当施工期有通航和排冰任务,明渠较宽时,可在明渠内预设闸门墩,以利于后期封堵;当施工期无通航和排冰任务时,应于明渠通水前将明渠段施工到适当高程,并设置导流底孔,以便为封堵工作做好准备。

明渠导流一般适用于岸坡平缓或有一岸具有较宽的台地、垭口或直河道的地形。

2.涵管导流

涵管导流,一般布置在靠近岸边的河床台地或岩基上。进水口底板高程常设在枯水期最低水位以上,这样可以不修围堰或先修一小段围堰而先将涵管埋筑好,再修筑上下游全段围堰,将河水引经涵管下泄。涵管导流一般为钢筋混凝土结构。由于涵管的泄水能力较小,因此一般用于导流流量较小的河流或用来担负枯水期的导流。当河岸为台地时,可在台地上开挖梯形断面的沟槽,然后封上钢筋混凝土涵管,为了防止涵管外壁和封土之间发生渗流,必须严格控制涵管外壁回填土料的分层、压实质量。同时,要在涵管的外壁每隔一定距离设置一道截水环,截水环与涵管连成一体同时浇筑,其作用是延长渗透水流的途径,降低渗流的水力坡度,减少渗流的破坏作用,同时应注意对涵管本身的温度缝或沉陷缝的处理,防止管身漏水。

(二)分段围堰法导流

分段围堰法导流亦称分期围堰法导流,是利用围堰将河床分期、分段地围起来修建水闸的施工方法,分期、分段进行导流是在大江大河上修建水闸常采用的施工方法。分期是从时间上将施工导流分成几个时间段,分段是利用围堰将河床围成几个施工地段。导流的分期数和围堰的分段数并不一定相同,因为在同一导流的分期内,建筑物可以在一段围堰内施工,也可以同时在两段围堰内施工,但分的段数越多,围堰的工程量也相应地增大,施工就越来越复杂,随之工期越来越长。因此,在国内一般水闸的工程施工中,多采用二期二段的施工导流。

所谓二期二段导流法是把施工导流分为前期导流和后期导流。前期由束窄的河道导流,后期利用修建的建筑物泄水导流。

1. 前期导流

在确定分期、分段导流的施工方案时首先要确定一期围堰的位置。应根据结构布置的情况及纵向围堰所处的河床地形、地质、水力条件,施工场地及进入基坑的交通道路来确定。尽量使各期的工程量大体平衡,并要考虑以下几个方面:

(1)导流过水能力的要求。不但要满足一期导流的要求,还要满足二期导流的要求。

(2)河床地形、地质条件。要充分利用滩地、河心洲或礁岛作为纵向围堰或纵向围堰的一部分。

(3)围堰所围的范围。力求使各期的施工能力与施工强度相适应,工作面的大小应有利于布置所需的施工机械设备。

2. 后期导流

后期导流的方式,即事先在一期工程的建筑物地段内修建好临时的泄水孔,让进入后期导流施工时段全部或部分导流流量通过下游。

总之,在实际工程中,必须根据工程的布置和水闸建筑物的形式及施工条件因地制宜,进行恰当灵活的联合应用,才能比较经济合理地解决好整个施工期的施工导流问题。

(三) 导流标准和导流时段

1. 导流标准

导流标准的选择:导流设计流量是选择施工导流方式和确定导流建筑物形式的主要依据,要根据不同的施工导流时段选用某个设计标准相对应的导流流量值,从而确定导流方案和进行导流建筑物的设计。选择施工导流标准的高低对工程的造价和施工安全有很大影响。标准选择的目的是确定施工期间上游的来水量。目前,施工期河流来水量的计算仍然采用传统的数理统计方法。

导流标准的选择是以频率的方式预估一洪水重现期可能出现的水情,然后根据主体工程的等级,确定施工导流建筑物的级别,并结合施工期间流域的气象、水位特征及导流工程失事后对工程自身和下游两岸可能造成的损失,选定某一洪水重现期作为导流设计标准。根据《防洪标准》(GB 50201—2014),确定水利工程导流建筑物的设计洪水标准,如表2-3所示。

表 2-3 水利工程导流建筑物的设计洪水标准划分

永久建筑物等级	1、2	3、4
导流建筑物等级	3	4
山区、丘陵区	30~50	20~30
平原区、滨海区	10~20	10

确定导流设计流量时,要考虑围堰的挡水任务。如为全年挡水应按等级选用相应频率的全年洪水流量作为设计标准;若只挡枯水期上游的来水,则应按该时段相应频率的洪水流量作为设计标准,该时段称为围堰挡水时段。施工工期,挡水时段经技术经济比较后在重现期为3~20年的范围内选定。当水文系列较长(不小于30年)时,也可根据实测流量资料分析选用。

2. 导流时段

导流时段划分的基本要求是要保证施工安全和经济效益。原则是所制订的导流方案能促使加快施工进度和缩短工期,这些因素是确定导流时段的关键。因此,应合理地划分导流时段,根据河道在不同时间的来水量,明确在不同流量情况下,导流建筑物的工作条件,既安全又经济地完成导流任务。

3. 施工导流流量的确定

在导流标准和导流时段确定后,可根据当地水文气象资料参照下面的方法确定施工导流流量。

1) 实测流量资料分析法

可以根据选定的导流标准和导流建筑物的类型确定导流时段相应的导流设计流量,并在一年中取一个已定导流标准下的最大流量作为施工度汛的洪水流量。根据流量频率分析的结果,洪水重现期短(3~5年)的用不同时段(全年、丰水期、枯水期和分月)分析得出的流量值比较,重现期长的就有较大的差异。重现期越长计算值相差越大,因此分月洪水一般多用来做施工截流和安排施工月进度的参考依据。

2) 流量模数计算法

从当地的水位图集中可查得不同季节、不同频率或重现期的流量模数,然后根据流量模数计算导流流量,其计算公式如下:

$$Q_{P导} = q_P F \tag{2-2}$$

式中　$Q_{P导}$——相应频率为 P 时的导流流量,m^3/s,如重现期为 N 年,则相应频率 $P = 1/N$;

　　　q_P——相应频率为 P 时的流量模数,$m^3/(s \cdot km^2)$;

　　　F——集雨面积,km^2。

3) 雨量资料推算法

根据雨量资料(可通过日雨量和24 h雨量关系求得)进行按月时段或全年的24 h暴雨或短历时暴雨频率分析,用推理化公式推算流量。

$$Q_{P.CP} = 1\,000CH_{24.P}F/86\,400 = 0.011\,6CH_{24.P}F \tag{2-3}$$

式中　$Q_{P.CP}$——相当于频率为 P 的24 h平均流量,m^3/s;

　　　C——径流系数,根据集雨面积内地形、地质、植被来选用,$C = 0.6 \sim 0.9$;

　　　$H_{24.P}$——相当于频率为 P 的24 h降雨量,mm。

也可用下式估算流量:

$$Q_{P.CP} = 1\,000(H_{24.P-24})F/86\,400 = 0.011\,6(H_{24.P-24})F \tag{2-4}$$

式中　$H_{24.P-24}$——相当于频率为 P 的24 h雨量减24 h稳定入渗水量,mm/h。

丰水期最大洪峰流量可用下式计算：

$$Q_{\max.P} = 1\,000 i_{t.P-1} F / 3\,600 = 0.278 i_{t.P-1} F \tag{2-5}$$

式中　$Q_{\max.P}$——频率为 P 时的最大流量，$\mathrm{m^3/s}$；

　　　$i_{t.P-1}$——集流时间 t 相应频率为 P 的暴雨强度，$\mathrm{mm/h}$；

　　　F——轴线以上流域的集雨面积，$\mathrm{km^2}$。

4）河床束窄后的流速计算公式

$$v_c = \frac{Q}{\varepsilon(A_0 - A_1)} \tag{2-6}$$

式中　v_c——河床束窄后的流速，$\mathrm{m/s}$；

　　　Q——一期导流的设计流量，$\mathrm{m^3/s}$；

　　　ε——侧收缩系数，一般采用 $0.9\sim0.95$；

　　　A_0——原河床的过水断面面积，$\mathrm{m^2}$；

　　　A_1——一期围堰所占据原河床的过水断面面积，$\mathrm{m^2}$。

三、围堰工程

围堰是一种用于围护修建挡水建筑物的一种临时挡水建筑物，是保证施工能在干地上的基坑，在完成工程施工导流的任务后进行拆除。为此，修筑围堰除满足一般挡水的要求外，还要满足稳定和相对不透水、抗冲刷等要求。修建时应充分考虑利用当地的地形条件及优先选用当地的建筑材料，要使得堰体结构简单、施工方便、经济实用、便于拆除等。

（一）围堰的形式和构造

围堰形式的基本要求：围堰的断面尺寸及填筑材料的选用要根据围堰的高度、当地建筑材料、施工工期和确保施工安全的要求来确定。既要使其满足稳定、防渗、防冲的要求，又要使其结构简单，施工方便，能就地取材，造价低廉，修建、维护及拆除方便。其形式和构造有如下几种。

1. 土石围堰

土石围堰是水利工程中最广泛采用的一种围堰形式，如图 2-1 所示。它是用当地材料填筑而成的。不仅能就地取材和充分利用开挖弃料做围堰填料，而且其结构简单、施工方便、便于拆除、造价低廉、经济实惠、适应性好。可在流水中、深水中、岩基或有覆盖层的河床上修建。但其工程量较大，堰身沉陷变形也较大。

土石围堰的结构形式在满足施工导流期正常运行的情况下应力求简单，便于施工。一般用于横向围堰，但在宽阔的河床中分期导流时，由于围堰束窄，河床增加的流速不大，也可作为纵向围堰，但需要注意防冲，以确保围堰的安全。

2. 草土围堰

草土围堰是一种由草土结构组成的围堰，如图 2-2 所示。

草土围堰是我国劳动人民自古以来进行河堤堵口的常用形式，如草料为麦秸、稻草、芦柴、柳枝等。其优点是结构简单、施工方便。例如，草袋围堰、捆草围堰、捆厢塌围堰等，其施工进度快、取材容易、造价低、拆除方便，有一定的抗冲能力、抗渗能力。但堰体容重小，只适用于软土地基，且因柴草易腐烂，所以一般用于短期的或辅助性的围堰。

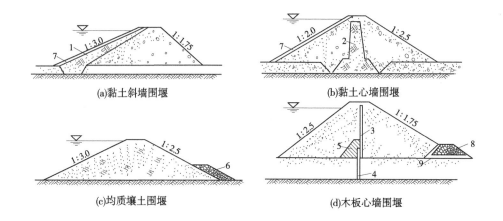

(a)黏土斜墙围堰　　　　　　　　　　(b)黏土心墙围堰

(c)均质壤土围堰　　　　　　　　　　(d)木板心墙围堰

1—斜墙；2—心墙；3—木板心墙；4—钢板桩防渗墙；5—黏土；
6—压重；7—护面；8—滤水棱体；9—反滤层。

图 2-1　土石围堰

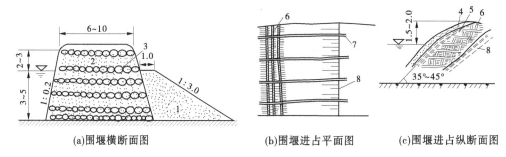

(a)围堰横断面图　　　　(b)围堰进占平面图　　　　(c)围堰进占纵断面图

1—戗土；2—土料；3—草捆；4—黏土；5—散草；
6—草捆；7—草绳；8—河岸线或堰体。

图 2-2　草土围堰断面及施工示意图　（单位：m）

3.草袋围堰

草袋围堰断面形式如图 2-3 所示。

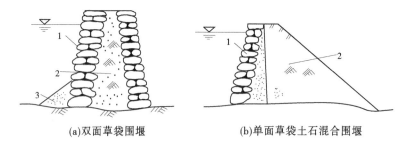

(a)双面草袋围堰　　　　　　　(b)单面草袋土石混合围堰

1—草袋；2—回填黏性土；3—抛填土方压脚。

图 2-3　草袋围堰断面形式

草袋围堰是指双面或单面叠放盛装土料的草袋或编织袋，中间夹填黏性土或在迎水面叠放装上土料的草袋，背水面回填土石，这种围堰一般适用于施工期较短的中小型水闸工程。

4.水沙吹填编织袋围堰

随着时代的发展和新材料的生产与施工新技术的不断推新革旧,常用于水利工程施工中的围堰工程修筑、便道易遭暴风雨冲毁、水中防护堰土体走失坍塌和修筑地形复杂及整体承载能力差的难点迎刃而解。实践与试验证明,采用水沙吹填编织袋围堰新技术施工法,施工工艺简单易行,经济效益明显,很值得推广运用。

水沙吹填编织袋围堰的工程特点:工期紧、任务重、难度大。

施工方法:先将第一根吹填料袋铺设好靠近钢桩,两端用绳子或铁丝扎紧,将挖塘机泥浆带输出口插入充填袋袖口内绑扎牢固后,开始向内吹填泥浆,吹填袋迅速被充满且产生一定压力(充填时要多次充填,以免压力过大胀破),泥浆内的水被压挤排至充填袋外(编织袋具有滤沙排水特性),充好后可将袖口扎紧扎严,以防外漏跑沙,完成第一条再铺设第二条、第三条……根据原地形从低到高排严,逐步抬高,可根据挡水围堰断面的大小铺设充填袋,充填好后需固定好。将露出水面的部分用土料加以覆盖保护,以免被其他施工设备碰破损坏。

(二)围堰的平面布置

围堰的平面布置主要包括围堰内基坑范围的确定和分期导流纵向围堰的布置两个问题。

1.围堰内基坑范围的确定

围堰内基坑范围的大小主要取决于水闸主体工程的轮廓和相应的施工方法。当采用一次拦断法导流时,围堰的基坑由上下游围堰和河床两岸围成;当采用分期导流时,围堰基坑由纵向围堰与上下游横向围堰围成。在上述两种情况下,上下游横向围堰的布置都取决于水闸主体工程的轮廓,通常基坑的坡脚距主体工程轮廓的距离不应小于 $20 \sim 30 \mathrm{~m}$,以便布置排水设施及交通运输道路,堆放材料和模板等。基坑开挖边坡的大小,与地质条件有关。实际工程的基坑形状和大小往往是不相同的,有时为照顾建筑物的需要,将轴线利用地形以减小围堰的高度和长度。为了保证基坑开挖和主体建筑物的正常施工,基坑范围要求适当留一定的富余地。

2.分期导流纵向围堰的布置

在分期导流的方式中纵向布置围堰是施工中的关键问题,选择纵向围堰的位置,实际上就是要确定适宜的河床束窄宽度,所以纵向围堰布置的原则如下。

1)地形条件

河心洲、浅滩、小岛、基岩露头等都是可以布置纵向围堰的有利条件,这些地方便于施工,并有利于防冲保护。但河床的束窄宽度要满足下式要求:

$$K = \frac{A_1}{A_2} \times 100\% \tag{2-7}$$

式中　K——河床束窄的宽度,一般为 $47\% \sim 68\%$;

　　　A_1——原河床的过水面积,m^2;

　　　A_2——围堰和基坑所占据的过水面积,m^2。

河床的允许束窄宽度主要与河床的地质条件有关。对于易冲刷河床,一般允许河床产生一定程度的变形,但是要保证河岸及围堰堰体免受淘刷,束窄流速可允许达到 3 m/s 左右,对岩石河床允许束窄宽度主要视岩石的抗冲流速而定。

2)导流过水的要求

一期基坑中能否布置下宣泄二期导流流量的泄水建筑物。

由一期转入二期施工时的截流落差是否过大。

在进行一期导流布置时,不但要考虑束窄河道的过水条件,而且还要考虑二期截流与导流的要求。

3)施工布局的合理性原则

(1)一期工程强度可比二期低些,但不宜相差太大。

(2)各期基坑中的施工强度应尽量均衡。

(3)如有可能分期分段,数量应尽量少一些。

(4)导流布置应满足总工期的要求。

(5)当采用分期导流时,上下游围堰一般不与河床中心线垂直,围堰的平面布置常呈梯形,可使水流畅顺,同时便于运输道路的布置和衔接;当采用一次拦断法导流时,上下游围堰不存在突起的绕流问题。为减少工程量,围堰多与主河道垂直。纵向围堰的平面布置形式常采用流线型和挑流布置。

(三)围堰高度的确定

围堰高度应根据不同的导流泄水建筑物,在达到设计规定的过水能力时,上下游河床的水面高程加预留的安全加高来确定。安全超高值:对于不过水围堰,一般为 0.7~1.0 m;对于过水围堰,一般为 0.5 m。

(四)围堰的拆除

围堰是临时建筑物,当导流任务完成后,应按工期和设计施工的要求进行拆除,以免影响水闸主体建筑物的施工及建筑物的正常运行。如果采用分期分段围堰法施工,第一期工程的上下游横向围堰拆除不彻底,务必影响第二期工程的泄水能力,增加下步工作的难度和工程量。如果采用全段围堰法施工,下游横向围堰拆除不彻底,将会使水位抬高,影响施工。所以,一般应选择在最后一次汛期过后,当上游水位下降时,从围堰的背坡处分层从上到下进行拆除。拆除期间必须保证残留的围堰能继续挡水和安全稳定,以免发生溃堰事故,使基坑过早淹没而影响施工。在最后的拆除过程中,基坑内所有的材料和设备及一切杂物都应事先运走和清除。土石围堰及草土围堰均可用正反铲挖掘机开挖和机配汽车运输,也可人工进行拆除。土石围堰的拆除方法与顺序如图2-4所示。

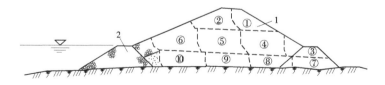

1—正向铲挖除;2—索式挖掘机挖除;①~⑩—拆除顺序。

图2-4 土石围堰的拆除方法与顺序

第三节　地基处理

为了满足城镇供水及农田灌溉的需求,在黄河滩区需要修建诸多的水闸、泵站等水工建筑物。河南黄河滩区地貌属黄河冲积扇平原,由于河段的游荡性,河槽在两岸大堤之间摆动,形成了宽窄不一的河漫滩地。河道的游荡不定,决定了沉积物的复杂多变。20 m深度以上地层为第四系全新统(Q_4)和晚更新统(Q_3)冲积堆积层,岩性主要为低液限粉土、砂土和低液限黏土,其天然地基承载力较低,而上述水工建筑物基础一般需要承受较大的上部荷载,基底压力往往超过持力层天然承载力许多,必须对天然地基进行加固处理,以满足地基承载力及地基变形的要求。

调查河南引黄涵闸地基处理的有关资料,这方面的记载很少。20 世纪 90 年代,在台前刘楼闸、原阳祥符朱闸、濮阳柳屯闸地基处理中曾采用过高压旋喷注浆法,即采用高压水泥浆通过钻杆由水平方向的喷嘴喷出,形成喷射流,以此切割土体并与土拌和形成水泥土加固土体的地基处理方法。其加固机制是靠喷嘴以很高的压力喷射出能量大、速度快的浆液,当它连续、集中地作用在土体上时,压应力和冲蚀等多种因素便在很小的区域内产生效应,对粒径很小的土粒或粒径较大的卵石、碎石均有巨大的冲击和搅动作用,使注入的浆液与土拌和凝固为新的固结体。通过专用的施工机械,在土中形成一定直径的桩体,与桩间土形成复合地基承担基础传来的荷载,可提高地基承载力和改善地基变形特性。

查阅现行有关设计规范,在《泵站设计规范》(GB 50265—2010)和《水闸设计规范》(SL 265—2016)中,关于地基处理的方法仅列出了换土垫层、桩基础、沉井基础、振冲砂(碎石)桩和强夯等有限的几种方法。

随着工程建设的飞速发展,地基处理的手段也日趋多样化,部分土体被增强或置换形成增强体,由增强体和周围地基共同承担荷载的地基称为复合地基。复合地基最初是指采用碎石桩加固后形成的人工地基。随着深层搅拌桩加固技术在工程中的应用,发展了水泥土搅拌桩复合地基的概念。碎石桩是散体材料桩,水泥土搅拌桩是黏结材料桩。在荷载作用下,由碎石桩和水泥土搅拌桩形成的两类人工地基的性状有较大的区别。水泥土搅拌桩复合地基的应用促进了复合地基理论的发展,由散体材料桩复合地基扩展到柔性桩复合地基。随着低强度桩复合地基和长短桩复合地基等新技术的应用,复合地基概念得到了进一步的发展,形成刚性桩复合地基概念。如果将由碎石桩等散体材料桩形成的人工地基称为狭义复合地基,则可将包括散体材料桩、各种刚度的黏结材料桩形成的人工地基及各种形式的长短桩复合地基称为广义复合地基。复合地基由于其充分利用桩间土和桩共同作用的特有优势及相对低廉的工程造价,得到了越来越广泛的应用。

一、地基处理方法分类

当天然地基不能满足建(构)筑物对地基稳定、变形及渗透方面的要求时,需要对天然地基进行处理,以满足建(构)筑物对地基的要求。地基处理方法可以根据地基处理的原理、目的、性质和时效等进行分类。

（一）根据地基处理的原理分类

1. 置换

置换是用物理力学性质较好的岩土材料置换天然地基中部分或全部软弱土及不良土，形成双层地基或复合地基，以达到提高地基承载力、减少沉降的目的。它主要包括换土垫层法、褥垫法、振冲置换法、沉管碎石桩法、强夯置换法、砂桩（置换）法、石灰桩法及EPS超轻质料填土法等。

2. 排水固结

排水固结的原理是软黏土地基在荷载作用下，土中孔隙水慢慢排出，孔隙比减小，地基发生固结变形，同时随着超静水压力逐渐消散，土的有效应力增大，地基土的强度逐步增加，以达到提高地基承载力、减少工后沉降的目的。它主要包括加载预压法、超载预压法、砂井法（包括普通砂井、袋装砂井和塑料排水带法）、真空预压与堆载预压联合作用及降低地下水位等。

3. 振密、挤密

振密、挤密是采用振动或挤密的方法使未饱和土密实，使地基土体孔隙比减小，强度提高，达到提高地基承载力和减少沉降的目的。它主要包括表层原位压实法、强夯法、振冲密实法、挤密砂桩法、爆破挤密法、土桩和灰土桩法。

4. 灌入固化物

灌入固化物是向土体中灌入或拌入水泥、石灰或其他化学浆材，在地基中形成增强体，以达到地基处理的目的。它主要包括深层搅拌法、高压喷射注入法、渗入性灌浆法、劈裂灌浆法、挤密灌浆法和电动化学灌浆法等。

5. 加筋法

加筋法是在地基中设置强度高的土工聚合物、拉筋、受力杆件等模量大的筋材，以达到提高地基承载力、减少沉降的目的。强度高、模量大的筋材可以是钢筋混凝土，也可以是土工格栅、土工织物等。它主要包括加筋法、土钉墙法、锚固法、低强度混凝土桩复合地基法和钢筋混凝土桩复合地基法等。

6. 冷热处理法

冷热处理法是通过人工冷却，使地基温度低到孔隙水的冰点以下，使之冻结，从而具有理想的截水性能和较高的承载能力；或焙烧、加热地基主体，改变土体物理力学性质，以达到地基处理的目的。它主要包括冻结法和烧结法两种。

7. 托换

托换是指对原有建筑物地基和基础进行处理、加固或改建，在原有建筑物基础下需要修建地下工程及在邻近建造新工程而影响到原有建筑物的安全等问题的技术总称。它主要包括基础加宽法、墩式托换法、桩式托换法、地基加固法及综合加固法等。

（二）根据竖向增强体的桩体材料分类

1. 散体材料桩复合地基

桩体是由散体材料组成的，主要形式有碎石桩、砂桩等，复合地基的承载力主要取决于散体材料内摩擦角和周围地基土体能够提供的桩侧摩阻力。

2.柔性桩复合地基

桩体由具有一定黏结强度的材料组成,主要形式有石灰桩、土桩、灰土桩、水泥土桩等。复合地基的承载力由桩体和桩间土共同提供,一般情况下桩体的置换作用是主要组成部分。

3.刚性桩复合地基

桩体通常以水泥为主要胶结材料,桩身强度较高。为保证桩土共同作用,通常在桩顶设置一定厚度的褥垫层。刚性桩复合地基较散体材料桩复合地基和柔性桩复合地基具有更高的承载力与压缩模量,而且复合地基承载力具有较大的调整幅度。水泥粉煤灰碎石桩(CFG 桩)是刚性桩复合地基的桩体主要形式之一。

(三)根据人工地基的广义分类

地基处理是利用物理、化学的方法,有时还采用生物的方法,对地基中的软弱土或不良土进行置换、改良(或部分改良)、加筋,形成人工地基。经过地基处理形成的人工地基大致上可以分为三类:均质地基、多层地基和复合地基。从广义上讲,桩基础也可以说是一类经过地基处理形成的人工地基。通过地基处理形成的人工地基可分为均质地基、复合地基和桩基础三类。

1.均质地基

通过土质改良或置换,全面改善地基土的物理力学性质,提高地基土抗剪强度,增大土体压缩模量,或减小土的渗透性。该类人工地基属于均质地基或多层地基。

2.复合地基

通过在地基中设置增强体,增强体与原地基土体形成复合地基,以提高地基承载力,减少地基沉降。

3.桩基础

通过在地基中设置桩,荷载由桩体承担,特别是端承桩,通过桩将荷载直接传递给地基中承载力大、模量高的土层。

各种天然地基和人工地基均可归属于以上三种地基。

(四)其他分类

根据地基处理加固区的部位分为浅层地基处理方法、深层地基处理方法及斜坡面土层处理方法。

根据地基处理的用途分为临时性地基处理方法和永久性地基处理方法。

地基处理方法的严格分类是困难的,不少地基处理方法具有几种不同的作用,例如振冲法既有置换作用又有挤密作用,又如土桩和灰土桩既有挤密作用又有置换作用。另外,一些地基处理方法的加固机制及计算方法目前不是十分明确,尚需进行探讨。

地基处理方法的确定应根据结构类型、荷载大小及使用要求,结合地形地貌、地层结构、土质条件、地下水特征、环境情况和对邻近建筑物的影响等因素进行综合分析,初步选出几种地基处理方法。然后,分别从加固原理、适用范围、预期处理效果、耗用材料、施工机械、工期要求和对环境的影响等方面进行技术经济分析和对比,选择最佳的地基处理方法。

二、换填垫层法

当建筑物基础下的持力层比较软弱,不能满足上部结构荷载对地基的要求时,常采用换填土垫层来处理软弱地基。即将基础下一定范围内的土层挖去。然后回填以强度较大的砂、砂石或灰土等,并分层夯实至设计要求的密实程度作为地基的持力层。换填垫层法适用于浅层地基,处理深度可达2~3 m。在饱和软土上换填砂垫层时,砂垫层具有提高地基承载力、减小沉降量、防止冻胀和加速软土排水固结的作用。

工程实践表明,在合适的条件下,采用换填垫层法能有效地解决中小型工程的地基处理问题。其优点是可就地取材,施工方便,不需特殊的机械设备,既能缩短工期又能降低造价。因此,得到较为普遍的应用。

(一)适用范围

换填垫层法适用于淤泥、淤泥质土、湿陷性黄土、素填土、杂填土地基及暗沟、暗塘等浅层软弱地基及不均匀地基的处理。

换填垫层法适用于处理各类浅层软弱地基。若在建筑范围内软弱土层较薄,则可采用全部置换处理。对于较深厚的软弱土层,当仅用垫层局部置换上层软弱土时,下卧软弱土层在长期荷载下的变形可能依然很大。例如,对较深厚的淤泥或淤泥质土类软弱地基,采用垫层仅置换上层软土后,通常可提高持力层的承载力,但不能解决由于深层土质软弱而造成地基变形量大对上部建筑物产生的有害影响;或者对于体型复杂、整体刚度差或对差异变形敏感的建筑,均不应采用浅层局部置换的处理方法。

对于建筑范围内就不存在松填土、暗沟、暗塘、古井、古墓或拆除旧基础后的坑穴,均可采用换填垫层法进行地基处理。在这种局部的换填处理中,保持建筑地基整体变形均匀是换填应遵循的最基本原则。

开挖基坑后,利用分层回填夯压,也可处理较深的软弱土层。但换填基坑开挖过深,常因地下水位高,需要采取降水措施;坑壁放坡占地面积大或边坡需要支护,则易引起邻近地面、管网、道路与建筑的沉降变形破坏;再则,施工土方量大、弃土多等,常使处理工程费用增高、工期拖长、对环境的影响增大等。因此,换填垫层法的处理深度通常控制在3 m以内较为经济合理。

大面积填土产生的大范围地面负荷影响深度较深,地基压缩变形量大,变形延续时间长,与换填垫层法浅层处理地基的特点不同,因此大面积填土地基的设计施工应符合国家标准《建筑地基基础设计规范》(GB 50007—2011)的有关规定。

在用于消除黄土湿陷性时,尚应符合国家现行标准《湿陷性黄土地区建筑标准》(GB 50025—2018)中的有关规定。

换填时应根据建筑体型、结构特点、荷载性质和地质条件,并结合施工机械设备与当地材料来源等综合分析,进行换填垫层的设计,选择换填材料和夯压施工方法。

采用换填垫层法全部置换厚度不大的软弱土层,可取得良好的效果;对于轻型建筑、地坪、道路或堆场,采用换填垫层法处理上层部分软弱土时,由于传递到下卧层顶面的附加应力很小,也可取得较好的效果。但对于结构刚度差、体型复杂、荷重较大的建筑,由于附加荷载对下卧层的影响较大,若仅换填软弱土层的上部,地基仍将产生较大的变形及不均匀变形,仍有可能对建筑造成破坏。在我国东南沿海软土地区,许多工程实例的经验或教训表明,采用换填垫层法时,必须考虑建筑体型、荷载分布、结构刚度等因素对建筑物的影响。对于深厚软弱土层,不应采用局部换填垫层法处理地基。对于不同特点的工程,还应分别考虑换填材料的强度、稳定性、压力扩散能力、密度、渗透性、耐久性、对环境的影响、价格、来源与消耗等。当换填量大时,尤其应首先考虑当地材料的性能及使用条件。此外,应考虑所能获得的施工机械设备类型、适用条件等综合因素,从而合理地进行换填垫层设计及选择施工方法。例如,对于承受振动荷载的地基不应选择砂垫层进行换填处理;略超过放射性标准的矿渣可以用于道路或堆场地基的换填,但不应用于建筑换填垫层处理等。

(二)作用机制

1. 置换作用

将基底以下软弱土全部或部分挖出,换填为较密实的材料,可提高地基承载力,增强地基稳定。

2. 应力扩散作用

基础底面下一定厚度垫层的应力扩散作用,可减小垫层下天然土层所受的压力和附加压力,从而减小基础沉降量,并使下卧层满足承载力的要求。

3. 加速固结作用

用透水性大的材料作垫层时,软土中的水分可部分通过它排出,在建筑物施工过程中,可加速软土的固结和软土抗剪强度的提高。

4. 防止冻胀

由于垫层材料是不冻胀材料,采用换土垫层对基础底面以下可冻胀土层全部或部分置换后,可防止土的冻胀作用。

5. 均匀地基反力

对于石芽出露的山区地基,将石芽间软弱土层挖出,换填压缩性低的土料,并在石芽以上也设置垫层;对于建筑物范围内局部存在松填土、暗沟、暗塘、古井、古墓或拆除旧基础后的坑穴的情况,可进行局部换填,保证基础底面范围内土层的压缩性和反力趋于均匀。

6. 提高地基持力层的承载力

用于置换软弱土层的材料,其抗剪强度指标常较高,因此垫层(持力层)的承载力要比置换前软弱土层的承载力高许多。

7. 减少基础的沉降量

地基持力层的压缩量中所占的比例较大,由于垫层材料的压缩性较低,因此设置垫层后总沉降量会大大减小。此外,由于垫层的应力扩散作用,传递到垫层下方下卧层上的压力减小,也会使下卧层的压缩量减小。

因此,换填的目的就是提高承载力,增加地基强度,减少基础沉降;垫层采用透水材料可加速地基的排水固结。

(三)设计

垫层设计应满足建筑地基的承载力和变形要求。首先,垫层能换除基础下直接承受建筑荷载的软弱土层,代之以能满足承载力要求的垫层;其次,荷载通过垫层的应力扩散作用,使下卧层顶面受到的压力满足小于或等于下卧层承载能力的条件;最后,基础持力层被低压缩性的垫层代换,能大大减小基础的沉降量。因此,合理确定垫层厚度是垫层设计的主要内容。通常,根据土层的情况确定需要换填的深度,对于浅层软土厚度不大的工程,应置换掉全部软土。对需换填的软弱土层,首先应根据垫层的承载力确定基础的宽度和基底压力,再根据垫层下卧层的承载力设计垫层的厚度。

垫层的设计内容应包括选择垫层的厚度和宽度及垫层的密实度。

1. 垫层厚度

在工程实践中,一般取厚度 $z=1\sim2$ m(为基础厚度的50%~100%)。当厚度太小时,垫层的作用不大;当厚度太大(如在3 m以上)时,则施工不便(特别在地下水位较高时),故垫层厚度不宜大于3 m。

垫层的厚度应根据需置换软弱土的深度或下卧土层的承载力确定,并应符合下式要求:

$$p_z + p_{cz} \leqslant f_{az} \tag{2-8}$$

式中　p_z——相应于荷载效应标准组合时,垫层底面处的附加压力值,kPa;

　　　p_{cz}——垫层底面处土的自重压力值,kPa;

　　　f_{az}——垫层底面处经深度修正后的地基承载力特征值,kPa。

下卧层顶面的附加压力值可以根据双层地基理论进行计算,但这种方法仅限于条形基础均布荷载的计算条件;也可以将双层地基视作均质地基,按均质连续、各向同性、半无限直线变形体的弹性理论计算。第一种方法计算比较复杂,第二种方法的假定又与实际双层地基的状态有一定误差。最常用的是扩散角法,计算的垫层厚度虽比按弹性理论计算的结果略偏安全,但由于计算方法比较简便,易于理解又便于接受,故在工程设计中得到了广泛的认可和使用。

垫层底面处的附加压力值可分别按式(2-9)和式(2-10)计算:

条形基础

$$p_z = \frac{b(p_k - p_c)}{b + 2z\tan\theta} \tag{2-9}$$

矩形基础

$$p_z = \frac{bl(p_k - p_c)}{(b + 2z\tan\theta)(l + 2z\tan\theta)} \tag{2-10}$$

式中　b——矩形基础或条形基础底面的宽度,m;

　　　l——矩形基础底面的长度,m;

　　　p_k——相应于荷载效应标准组合时,基础底面处的平均压力值,kPa;

　　　p_c——基础底面处土的自重压力值,kPa;

　　　z——基础底面下垫层的厚度,m;

　　　θ——垫层的压力扩散角,(°),宜通过试验确定,当无试验资料时,可按表2-4采用。

表 2-4 压力扩散角 θ

z/b	换填材料		
	中砂、粗砂、砾砂、圆砾、角砾、石屑、卵石、碎石、矿渣	粉质黏土、粉煤土	灰土
0.25	20°	6°	28°
≥0.5	30°	23°	

注:1. 当 $z/b<0.25$ 时,除灰土 $\theta=28°$ 外,其余材料 $\theta=0°$,必要时,宜由试验确定。

2. 当 $0.25<z/b<0.5$ 时,θ 值可通过内插法求得。

压力扩散角应根据垫层材料及下卧层的力学特性差异而定,可按双层地基的条件来考虑。四川及天津曾先后对上硬下软的双层地基进行了现场载荷试验及大量模型试验,通过实测软弱下卧层顶面的压力反算上部垫层的压力扩散角。

根据模型试验实测压力值,在垫层厚度等于基础宽度时,计算的压力扩散角 θ 均小于 30°,而直观破裂角为 30°。同时,对照耶戈洛夫双层地基应力理论计算值,在较安全的条件下,验算下卧层承载力的垫层破坏的扩散角与实测土的破裂角相当。因此,采用理论计算值时,扩散角 θ 最大取 30°。对于 $\theta<30°$ 的情况,以理论计算值为基础,求出不同垫层厚度时的扩散角 θ。

根据有关垫层试验,中砂、粗砂、砾砂、石屑的变形模量均为 $30\sim45$ MPa,卵石、碎石的变形模量可达 $35\sim80$ MPa,而矿渣的变形模量为 $35\sim70$ MPa。这类粗颗粒垫层材料与下卧的软弱土层相比,其变形模量比值均接近或大于 10,扩散角最大取 30°;而对于其他常作换填材料的细粒土或粉煤灰垫层,碾压后变形模量可达 $13\sim20$ MPa,与粉质黏土垫层类似,该类垫层材料的变形模量与下卧较软土层的变形模量的比值显著小于粗粒土垫层的比值,则可以较安全地按 3 考虑,同时按理论值计算出扩散角 θ 值。灰土垫层则根据中国建筑科学研究院的试验及实践经验,按一定压实要求的 3:7 或 2:8 灰土 28 d 强度考虑,取 θ 为 28°。

换填垫层的厚度不宜小于 0.5 m,也不宜大于 3 m。

2. 垫层宽度

垫层宽度的确定应从两个方面考虑:一方面要满足应力扩散角的要求;另一方面要有足够的宽度防止砂垫层向两侧挤出。如果垫层两侧的填土质量较好,具有抵抗水平向附加应力的能力,侧向变形小,则垫层的宽度主要由压力扩散角考虑。

确定垫层宽度时,除应满足应力扩散的要求外,还应考虑垫层应有足够的宽度及侧面土的强度条件,防止垫层材料向侧边挤出而增大垫层的竖向变形量。最常用的方法依然是按扩散角法计算垫层宽度,或根据当地经验取值。当 $z/b>0.5$ 时,垫层厚度较大,按扩散角确定垫层的底宽较宽,而按垫层底面应力计算值分布的应力等值线在垫层底面处的实际分布较窄。当两者差别较大时,也可根据应力等值线的形状将垫层剖面做成倒梯形,以节省换填的工程量。当基础荷载较大,或对沉降要求较高,或垫层侧边土的承载力较差时,垫层宽度可适当加大。在筏板基础、箱形基础或宽大独立基础下采用换填垫层时,对于垫层厚度小于 0.25 倍基础宽度的条件,计算垫层的宽度仍应考虑压力扩散角的要求。

垫层底面的宽度应满足基础底面应力扩散的要求,可按下式确定:

$$b' \geq b + 2z\tan\theta \qquad (2\text{-}11)$$

式中　b'——垫层底面宽度,m;

　　　θ——压力扩散角,可按表2-4查用,当$z/b<0.25$时,仍按表2-4中$z/b=0.25$取值。

　3. 垫层的承载力

　　经换填处理后的地基,由于理论计算方法尚不够完善,或由于较难选取有代表性的计算参数等原因,而难以通过计算准确确定地基承载力,所以换填垫层处理的地基承载力宜通过试验,尤其是通过现场原位试验确定。对于按《建筑地基基础设计规范》(GB 50007—2011)划分安全等级为三级的建筑物及一般不太重要的、小型、轻型或对沉降要求不高的工程,当无试验资料或无经验时,在施工达到要求的压实标准后,可以参考表2-5所列的承载力特征值取用。

表 2-5　垫层的承载力特征值

换填材料	承载力特征值f_{ak}/kPa
碎石、卵石	200~300
砂夹石(其中碎石、卵石占全重的30%~50%)	200~250
土夹石(其中碎石、卵石占全重的30%~50%)	150~200
中砂、粗砂、砾砂、圆砾、角砾	150~200
粉质黏土	130~180
石屑	120~150
灰土	200~250
粉煤灰	120~150
矿渣	200~300

注:压实系数小的垫层,承载力特征值取低值,反之取高值;原状矿渣垫层取低值,分级矿渣或混合矿渣垫层取高值。

　4. 垫层地基的变形

　　我国软黏土分布地区的大量建筑物沉降观测及工程经验表明,采用换填垫层进行局部处理后,往往由于软弱下卧层的变形,建筑物地基仍将产生过大的沉降量及差异沉降量。因此,应按《建筑地基基础设计规范》(GB 50007—2011)中的变形计算方法进行建筑物的沉降计算,以保证地基处理效果及建筑物的安全使用。

　　粗粒换填材料的垫层在施工期间垫层自身的压缩变形已基本完成,且量值很小。因而对于碎石、卵石、砂夹石、砂和矿渣垫层,在地基变形计算中,可以忽略垫层自身部分的变形值;但对于细粒材料尤其是厚度较大的换填垫层,则应计入垫层自身的变形。有关垫层的模量应根据试验或当地经验确定。当无试验资料或无经验时,可参照表2-6选用。

表 2-6　垫层模量　　　　　　　　　　　　单位:MPa

垫层材料	压缩模量 E_s	变形模量 E_0
粉煤灰	8~20	
砂	20~30	
碎石、卵石	30~50	
矿渣		35~70

注: 压实矿渣的 E_0/E_s 值可按 1.5~3 取用。

下卧层顶面承受换填材料本身的压力超过原天然土层压力较多的工程,地基下卧层将产生较大的变形。如工程条件许可,宜尽早换填,以使由此引起的大部分地基变形在上部结构施工前完成。

5. 垫层材料

1) 砂石

砂石宜选用碎石、卵石、角砾、圆砾、砾砂、粗砂、中砂或石屑(粒径小于 2 mm 的部分不应超过总重的 45%),应级配良好,不含植物残体、垃圾等杂质。

当使用粉细砂或石粉(粒径小于 0.075 mm 的部分不应超过总重的 9%)时,应掺入不少于总重 30% 的碎石或卵石,使其颗粒不均匀系数不小于 5,拌和均匀后方可用于铺填垫层。砂石的最大粒径不宜大于 50 mm。

石屑是采石场筛选碎石后的细粒废弃物,其性质接近于砂,在各地使用作为换填材料,均取得了很好的成效。但应控制好含泥量及含粉量,才能保证垫层的质量。

对于湿陷性黄土地基,不得选用砂石等渗水材料。

2) 粉质黏土

粉质黏土土料中有机质含量不得超过 5%,亦不得含有冻土或膨胀土。当含有碎石时,其粒径不宜大于 50 mm。用于湿陷性黄土地基或膨胀土地基的粉质黏土垫层,土料中不得夹有砖、瓦和石块。

黏土及粉土均难以夯压密实,故换填时均应避免作为换填材料。在不得不选用上述土料回填时,也应掺入不少于 30% 的砂石并拌和均匀后使用。当采用粉质黏土大面积换填并使用大型机械夯压时,土料中的碎石粒径可稍大于 50 mm,但不宜大于 100 mm,否则将影响垫层的夯压效果。

3) 灰土

灰土的体积配合比宜为 2:8 或 3:7。土料宜用粉质黏土,不得使用块状黏土和砂质粉土,不得含有松软杂质,并应过筛,其颗粒粒径不得大于 15 mm。石灰宜用新鲜的消石灰,其颗粒粒径不得大于 5 mm。

灰土强度随土料中黏粒含量的增加而加大,塑性指数小于 4 的粉土中黏粒含量太少,不能达到提高灰土强度的目的,因而不能用于拌和灰土。灰土所用的消石灰应符合Ⅲ级以上标准,储存期不得超过 3 个月,所含活性 CaO 和 MgO 越高则胶结力越强。通常,灰土的最佳含灰率为 CaO+MgO 约达总量的 8%。石灰应消解 3~4 d 并筛除生石灰块后使用。

4）粉煤灰

粉煤灰可用于道路、堆场和小型建筑物及构筑物等的换填垫层。粉煤灰垫层上宜覆土 $0.3\sim0.5$ m。当粉煤灰垫层中采用掺加剂时，应通过试验确定其性能及适用条件。作为建筑物垫层的粉煤灰，应符合有关放射性安全标准的要求。粉煤灰垫层中的金属构件、管网宜采取适当的防腐措施。大量填筑粉煤灰时应考虑对地下水和土壤的环境影响。

粉煤灰可分为湿排灰和调湿灰。按其燃烧后形成玻璃体的粒径分析，应属粉土的范畴。但由于含有 CaO、SO_3 等成分，具有一定的活性，当与水作用时，因具有胶凝作用的火山灰反应，使粉煤灰垫层逐渐获得一定的强度与刚度，有效地改善了垫层地基的承载能力及减小变形的能力。不同于抗震液化能力较低的粉土或粉砂，由于粉煤灰具有一定的胶凝作用，在压实系数大于 0.9 时，即可以抵抗 7 度地震液化。用于发电的燃煤常伴生有微量放射性同位素，因而粉煤灰有时会有弱放射性。粉煤灰含碱性物质，回填后碱性成分在地下水中溶出，使地下水具弱碱性，因此应考虑其对地下水的影响并应对粉煤灰垫层中的金属构件、管网采取一定的防护措施。粉煤灰垫层上宜覆盖 $0.3\sim0.5$ m 厚的黏性土，以防干灰飞扬，同时减少碱性对植物生长的不利影响，有利于环境绿化。

5）矿渣

垫层使用的矿渣是指高炉重矿渣，可分为分级矿渣、混合矿渣及原状矿渣。矿渣垫层主要用于堆场、道路和地坪，也可用于小型建筑物、构筑物地基。选用矿渣的松散容重不小于 11 kN/m^3，有机质及含泥总量不超过 5%。设计、施工前必须对选用的矿渣进行试验，在确认其性能稳定并符合安全规定后方可使用。作为建筑物垫层的矿渣应符合对放射性安全标准的要求。易受酸、碱影响的基础或地下管网不得采用矿渣垫层。当大量填筑矿渣时，应考虑对地下水和土壤的环境影响。

矿渣的稳定性是其是否适用于做换填垫层材料的最主要性能指标，冶金部试验结果证明，当矿渣中 CaO 的含量小于 45% 及 FeS 与 MnS 的含量约为 1% 时，矿渣不会产生硅酸盐分解和铁锰分解，排渣时不浇石灰水，矿渣也就不会产生石灰分解，则该类矿渣性能稳定，可用于换填。对中小型垫层可选用 $8\sim40$ mm 与 $40\sim60$ mm 的分级矿渣或 $0\sim60$ mm 的混合矿渣；较大面积换填时，矿渣最大粒径不宜大于 200 mm 或大于分层铺填厚度的 2/3。与粉煤灰相同，对用于换填垫层的矿渣，同样要考虑放射性对地下水、环境的影响及对金属管网、构件的影响。

6）其他工业废渣

在有可靠试验结果或成功工程经验时，对质地坚硬、性能稳定、无腐蚀性和放射性危害的工业废渣等均可用于填筑换填垫层。被选用工业废渣的粒径、级配和施工工艺等应通过试验确定。

7）土工合成材料

由分层敷设的土工合成材料与地基土构成加筋垫层。所用土工合成材料的品种与性能及填料的土类应根据工程特性和地基土条件，按照《土工合成材料应用技术规范》（GB/T 50290—2014）的要求，通过设计并进行现场试验后确定。

土工合成材料是近年来随着化学合成工业的发展而迅速发展起来的一种新型土工材料，主要将涤纶、尼龙、腈纶、丙纶等高分子化合物，根据工程的需要加工成具有弹性、柔性、高抗拉强度、低伸长率、透水、隔水、反滤性、抗腐蚀性、抗老化性和耐久性的各种类型的产品,如各种土工格栅、土工格室、土工垫、土工网格、土工膜、土工织物、塑料排水带及其他土工复合材料等。由于这些材料的优异性能及广泛的适用性受到工程界的重视,被迅速推广应用于河、海岸护坡、堤坝、公路、铁路、港口、堆场、建筑、矿山、电力等领域的岩土工程中,取得了良好的工程效果和经济效益。

用于换填垫层的土工合成材料,在垫层中主要起加筋作用,以提高地基土的抗拉强度和抗剪强度,防止垫层被拉断裂和剪切破坏,保持垫层的完整性,提高垫层的抗弯刚度。因此,利用土工合成材料加筋的垫层有效地改变了天然地基的性状,增大了压力扩散角,降低了下卧天然地基表面的压力,约束了地基侧向变形,调整了地基不均匀变形,增大了地基的稳定性,并提高了地基的承载力。由于土工合成材料的上述特点,将它用于软弱黏性土、泥炭、沼泽地区修建道路及堆场等取得了较好的成效,同时在部分建筑物、构筑物的加筋垫层中应用,也得到了肯定的效果。

理论分析、室内试验及工程实测的结果证明,采用土工合成材料加筋垫层的作用机制如下:

(1)扩散应力。加筋垫层刚度较大,增大了压力扩散角,有利于上部荷载扩散,降低垫层底面压力。

(2)调整不均匀沉降。由于加筋垫层的作用,加大了压缩层范围内地基的整体刚度,均化传递到下卧土层上的压力,有利于调整基础的不均匀沉降。

(3)增大地基稳定性。由于加筋垫层的约束,整体上限制了地基土的剪切、侧向挤出及隆起。

采用土工合成材料加筋垫层时,应根据工程荷载的特点,对变形、稳定性的要求和地基土的工程性质,地下水性质及土工合成材料的工作环境等,选择土工合成材料的类型、布置形式及填料品种,主要包括以下几个方面:

(1)确定所需土工合成材料的类型、物理性质和主要的力学性质,如允许抗拉强度及相应的伸长率、耐久性与抗腐蚀性等。

(2)确定土工合成材料在垫层中的布置形式、间距及端部的固定方式。

(3)选择适用的填料与施工方法等。

此外,要通过验证保证土工合成材料在垫层中不被拉断和拔出失效。同时,要检验垫层地基的强度和变形,以确保满足设计要求。最后,通过载荷试验确定垫层地基的承载能力。

土工合成材料的耐久性与老化问题在工程界备受关注。由于土工合成材料引入我国为时尚短,仅在江苏使用了十几年,未见在工程中老化而影响耐久性,在英国已有近100年的使用历史,效果较好。导致土工合成材料老化的因素主要有三个:紫外线照射、60~80 ℃的高温与氧化。在岩土工程中,由于土工合成材料埋在地下的土层中,上述三个影响因素皆极微弱,故土工合成材料均能满足常规建筑工程中的耐久性需要。

作为加筋的土工合成材料,应采用抗拉强度较高,受力时伸长率不大于4%~5%,耐久性好,抗腐蚀的土工格栅、土工格室、土工垫或土工织物等土工合成材料;垫层填料宜用碎石、角砾、砾砂、粗砂、中砂或粉质黏土等材料。当工程要求垫层具有排水功能时,垫层材料应具有良好的透水性。

在加筋土垫层中,主要由土工合成材料承受大的拉应力,所以要求选用高强度、低徐变性的材料,在承受工作应力时的伸长率不宜大于4%～5%,以保证垫层及下卧层土体的稳定性。在软弱土层中采用土工合成材料加筋垫层,由土工合成材料承受上部荷载产生的应力远高于软弱土层中的应力,因此一旦由于土工合成材料超过极限强度产生破坏,随之荷载转移而由软弱土层承受全部外荷载,势将大大超过软弱土的极限强度,从而导致地基的整体破坏。结果,地基可能失稳而引起上部建筑产生迅速与大量的沉降,并使建筑结构造成严重的破坏。因此,用于加筋垫层中的土工合成材料必须留有足够的安全系数,而绝不能使其受力后的强度等参数处于临界状态,以免导致严重的后果。同时,应充分考虑因垫层结构的破坏对建筑安全的影响。

在软土地基上使用加筋垫层时,应保证建筑稳定并满足允许变形的要求。

6. 垫层的压实标准

各种垫层的压实标准可按表2-7选用。

表 2-7　各种垫层的压实标准

施工方法	换填材料类别	压实系数 λ_c
碾压、振密或夯实	碎石、卵石	0.94～0.97
	砂夹石(其中碎石、卵石占全重的30%～50%)	
	土夹石(其中碎石、卵石占全重的30%～50%)	
	中砂、粗砂、砾砂、角砾、圆砾、石屑	
	粉质黏土	
	灰土	0.95
	粉煤灰	0.90～0.95

注:1. 压实系数 λ_c 为土的控制干密度 ρ_d 与最大密度 ρ_{dmax} 的比值;土的最大干密度宜采用击实试验确定,碎石或卵石的最大干密度可取 2.0～2.2 t/m^3。

　　2. 当采用轻型击实试验时,压实系数 λ_c 宜取高值;当采用重型击实试验时,压实系数 λ_c 宜取低值。

　　3. 矿渣垫层的压实指标为最后两遍压实的压陷差小于 2 mm。

对于工程量较大的换填垫层,应按所选用的施工机械、换填材料及场地的土质条件进行现场试验,以确定压实效果。

(四)施工

换土垫层适用于淤泥、淤泥质土、湿陷性黄土、素填土、杂填土地基及暗沟、暗塘等的浅层处理。施工时将基底下一定深度的软土层挖除,分层回填砂、碎石、灰土等强度较大的材料,并加以夯实振密。回填材料有多种,但其作用和计算原理基本相同。换土垫层是一种较简易的浅层地基处理方法,并已得到广泛的应用,处理地基时,宜优先考虑此法。换土可用于简单的基坑、基槽,也可用于满堂式置换。砂和砂石垫层作用明确,设计方便,但其承载力在相当程度上取决于施工质量,因此必须精心施工。

1. 施工机械

垫层施工应根据不同的换填材料选择施工机械。粉质黏土、灰土宜采用平碾、振动碾或羊足碾;中小型工程也可采用蛙式夯、柴油夯;砂石等宜用振动碾;粉煤灰宜采用平碾、振动碾、平板式振动器、蛙式夯;矿渣宜采用平板式振动器或平碾,也可采用振动碾。

2. 施工方法

垫层的施工方法、分层铺填厚度、每层压实遍数等宜通过试验确定。除接触下卧软土层的垫层底部应根据施工机械设备及下卧层土质条件确定厚度外,一般情况下,垫层的分层铺填厚度可取 200~300 mm。为保证分层压实质量,应控制机械碾压速度。

换填垫层的施工参数应根据垫层材料、施工机械设备及设计要求等通过现场试验确定,以获得最佳夯压效果。在不具备试验条件的场合,按表 2-8 选用。对于存在软弱下卧层的垫层,应针对不同施工机械设备的重量、碾压强度、振动力等因素,确定垫层底层的铺填厚度,使其既能满足该层的压密条件,又能防止破坏及扰动下卧软弱土的结构。

表 2-8 垫层的每层铺填厚度及压实遍数

施工设备	每层铺填厚度/m	每层压实遍数
平碾(8~12 t)	0.2~0.3	6~8(矿渣 10~12)
羊足碾(5~16 t)	0.2~0.35	8~16
蛙式夯(200 kg)	0.2~0.25	3~4
振动碾(8~15 t)	0.6~1.3	6~8
插入式振动器	0.2~0.5	
平板式振动器	0.15~0.25	

3. 最优含水量

粉质黏土和灰土垫层土料的施工含水量宜控制在最优含水量 ω_{op} ±2% 的范围内,粉煤灰垫层的施工含水量宜控制在 ω_{op} ±4% 的范围内。最优含水量可通过击实试验确定,也可按当地经验取用。

为获得最佳夯压效果,宜采用垫层材料的最优含水量 ω_{op} 作为施工控制含水量。对于粉质黏土和灰土,现场可控制在最优含水量 ω_{op} ±2% 的范围内;当使用振动碾碾压时,可适当放宽下限范围值,即控制在最优含水量 ω_{op} -6% ~ ω_{op} +2% 范围内。最优含水量可按《土工试验方法标准》(GB/T 50123—2019)中轻型击实试验的要求求得。在缺乏试验资料时,也可近似取液限值的 60%,或按照经验采用塑限 ω_p ±2% 的范围值作为施工含水量的控制值。粉煤灰垫层不应采用浸水饱和施工法,其施工含水量应控制在最优含水量 ω_{op} ±4% 的范围内。若土料湿度过大或过小,应分别予以晾晒、翻松或掺加吸水材料、洒水湿润,以调整土料的含水量。对于砂石料,则可根据施工方法不同按经验控制适宜的施工含水量,即当用平板式振动器时可取 15%~20%,当用平碾或蛙式夯时可取 8%~12%,当用插入式振动器时宜为饱和。对于碎石及卵石,应充分浇水湿透后夯压。

4. 不均匀沉降的处理

当垫层底部存在古井、古墓、洞穴、旧基础、暗塘等软硬不均的部位时,应根据建筑对不均匀沉降的要求予以处理,并经检验合格后,方可铺填垫层。

对垫层底部的下卧层中存在的软硬不均点,要根据其对垫层稳定及建筑物安全的影响确定处理方法。对于不均匀沉降要求不高的一般性建筑,当下卧层中不均点范围小、埋藏很深、处于地基压缩层范围以外,且四周土层稳定时,对该不均点可不做处理;否则,应予以挖除,并根据与周围土质及密实度均匀一致的原则分层回填并夯压密实,以防止下卧层的不均匀变形对垫层及上部建筑产生危害。

5. 基坑开挖及排水

基坑开挖时应避免坑底土层受扰动,可保留约 200 mm 厚的土层暂不挖去,待铺填垫层前再挖至设计标高。严禁扰动垫层下的软弱土层,防止它被践踏、受冻或受水浸泡。在碎石或卵石垫层底部宜设置 150~300 mm 厚的砂垫层或铺一层土工织物,以防止软弱土层表面的局部破坏,同时必须防止基坑边坡坍落土混入垫层。

垫层下卧层为软弱土层时,因其具有一定的结构强度,一旦被扰动则强度大大降低,变形大量增加,将影响垫层及建筑的安全使用。通常的做法是,开挖基坑时应预留厚约200 mm 的保护层,待做好铺填垫层的准备后,对保护层挖一段随即用换填材料铺填一段,直到完成全部垫层,以保护下卧土层的结构不被破坏。按浙江、江苏、天津等地的习惯做法,在软弱下卧层顶面设置厚150~300 mm 的砂垫层,防止粗粒换填材料挤入下卧层时破坏其结构。

换填垫层施工应注意基坑排水,除采用水撼法施工砂垫层外,不得在浸水条件下施工,必要时应采取降低地下水位的措施。

6. 垫层搭接

垫层底面宜设在同一标高上,如深度不同,基坑底土面应挖成阶梯或斜坡搭接,并按先深后浅的顺序进行垫层施工,搭接处应夯压密实。

粉质黏土及灰土垫层分段施工时,不得在柱基、墙角及承重窗间墙下接缝。上下两层的缝距不得小于 500 mm。接缝处应夯压密实。灰土应拌和均匀并应当日铺填夯压。灰土夯压密实后 3 d 内不得受水浸泡。粉煤灰垫层铺填后宜当天压实,每层验收后应及时铺填上层或封层,防止干燥后松散起尘污染,同时应禁止车辆碾压通行。

为保证灰土施工控制的含水量不致变化,拌和均匀后的灰土应在当日使用。灰土夯实后,在短时间内水稳性及硬化均较差,易受水浸而膨胀疏松,影响灰土的夯压质量。粉煤灰分层碾压验收后,应及时铺填上层或封层,防止干燥或扰动使碾压层松胀、密实度下降及扬起粉尘污染。

在同一栋建筑下,应尽量保持垫层厚度相同;对于厚度不同的垫层,应防止垫层厚度突变;在垫层较深部位施工时,应注意控制该部位的压实系数,以防止或减少由于地基处理厚度不同所引起的差异变形。

7. 土工合成材料敷设

敷设土工合成材料时,下铺地基土层顶面应平整,防止土工合成材料被刺穿、顶破。敷设时应把土工合成材料张拉平直、绷紧,严禁有褶皱;端头应固定或回折锚固;切忌暴晒或裸露;连接宜用搭接法、缝接法和胶结法,并均应保证主要受力方向的连接强度不低于所采用材料的抗拉强度。

敷设土工合成材料时应注意均匀平整,且保持一定的松紧度,以使其在工作状态下受力均匀,并避免被块石、树根等刺穿或顶破,引起局部的应力集中。用于加筋垫层中的土工合成材料,因工作时要受到很大的拉应力,故其端头一定要埋设固定好,通常是在端部位置挖地沟,将合成材料的端头埋入沟内上覆土压住固定,以防止端头受力后被拔出。敷设土工合成材料时,应避免长时间暴晒或暴露,一般施工宜连续进行,暴露时间不宜超过48 h,并注意掩盖,以免材质老化,降低强度及耐久性。

8. 施工注意事项

(1)砂垫层的材料必须具有良好的振实加密性能。颗粒级配的不均匀系数不能小于5,且宜采用砾砂、粗砂和中砂。当只用细砂时,宜同时均匀掺入一定数量的碎石或卵石(粒径不宜大于 50 mm)。人工级配的砂石垫层,应先将砂石按比例拌和均匀后,再进行铺填加密。砂和砂石垫层材料的含泥量不应超过 5%。作为提供排水边界作用的砂垫层,其含泥量不宜超过 3%。

(2)在地下水位以下施工时,应采取降低地下水位的措施,使基坑保持无水状态。碎石垫层的底面最好先垫一层砂,然后分层铺填碎石。当因垫层下方土质差异而使垫层底面标高不一时,基坑(槽)底宜挖成阶梯形,施工时按先深后浅的顺序进行,并应注意搭接处的质量。

(3)砂垫层施工的关键是将砂石材料振实加密到设计要求的密实度(如达到中密)。如果要求进一步提高砂垫层的质量,则宜加大机械的功率。目前,砂垫层的施工方法有振实法、水撼法、夯石法、碾压法等多种,可根据砂石材料、地质条件、施工设备等条件选用。施工时应分层铺筑,在下层的密实度经检验达到合格要求后,方可进行上层施工。砂垫层施工时的含水量对压实效果影响很大,含水量很低的砂土,碾压效果往往不好;对浸没于水中的砂,效果也差,而以润湿到饱和状态时效果最好。

(五)质量检验

1. 检验方法

粉质黏土、灰土、粉煤灰和砂石垫层的施工质量可用环刀法、贯入仪、静力触探、轻型动力触探或标准贯入试验检验;砂石、矿渣垫层可用重型动力触探检验,并均应通过现场试验以设计压实系数所对应的贯入度为标准检验垫层的施工质量。压实系数也可采用环刀法、灌砂法、灌水法或其他方法检验。

垫层的施工质量检验可利用贯入仪、轻型动力触探或标准贯入试验检验。必须首先通过现场试验,在达到设计要求压实系数的热层试验区内,利用贯入试验测得标准的贯入深度或击数,然后以此作为控制施工压实系数的标准,进行施工质量检验。检验砂垫层使用的环刀容积不应小于 200 cm³,以减小其偶然误差。粗粒土垫层的施工质量检验,可设置纯砂检验点,按环刀取样法检验,或采用灌水法、灌砂法进行检验。

1) 环刀取样法

在捣实后的砂垫层中用容积不小于 200 cm³ 的环刀取样,测定其干密度,并以不小于该砂料在中密状态时的干密度(单位体积干土的质量)为合格。中砂在中密状态时的干密度,一般可按 1.55~1.6 t/m³ 考虑。对砂石垫层的质量检查,取样时的容积应足够大,且其干密度应提高。如在砂石垫层中设置纯砂检验点,则在同样的施工条件下,可按上述砂垫层方法检测。

2）贯入测定法

当采用贯入仪、钢筋或钢叉的贯入度大小来检查砂垫层的质量时，应预先进行干密度和贯入度的对比试验。如检查测定的贯入度小于试验所确定的贯入度，则为合格。当进行钢筋贯入测定时，将直径为 20 mm、长度在 1.25 m 以上的平头钢筋，在砂层面以上 700 mm 处自由落下。其贯入度应根据该砂的控制干密度试验确定。进行钢叉贯入测定时，用水撼法施工所使用的钢叉，在离砂层面 0.5 m 的高处自由落下，并按试验所确定的贯入度作为控制标准。

2. 检验数量

采用环刀法检验垫层的施工质量时，取样点应位于每层厚度的 2/3 深度处。检验点数量：对于大基坑，每 50~100 m² 不应少于 1 个检验点；对于基槽，每 10~20 m 不应少于 1 个检验点；每个独立柱基不应少于 1 个检验点。采用贯入仪或动力触探检验垫层的施工质量时，每分层检验点的间距应小于 4 m。

垫层施工质量检验点的数量因各地土质条件和经验的不同而不同。对于大基坑，较多采用每 50~100 m² 不少于 1 个检验点，或每 100 m² 不少于 2 个检验点。

垫层的施工质量检验必须分层进行，应在每层的压实系数符合设计要求后铺填上层土。

3. 竣工验收

当竣工验收采用载荷试验检验垫层承载力时，每个单体工程不宜少于 3 个检验点；对于大型工程，则应按单体工程的数量或工程的面积确定检验点数。

竣工验收宜采用载荷试验检验垫层质量，为保证载荷试验的有效影响深度不小于换填垫层处理的厚度，载荷试验压板的边长或直径不应小于垫层厚度的 1/3。

三、振冲法

振冲法又称振动水冲法，是以起重机吊起振冲器，启动潜水电机带动偏心块，使振冲器产生高频振动，同时启动水泵，通过喷嘴喷射高压水流，在边振边冲的共同作用下，将振冲器沉到土中的预定深度，经清孔后，从地面向孔内逐段填入碎石，使其在振动作用下被挤密实，达到要求的密实度后即可提升振冲器，如此反复直至地面，在地基中形成一个大直径的密实桩体与原地基构成复合地基，提高地基承载力，减少沉降，是一种快速、经济有效的加固方法。

通过振冲器产生水平方向振动力，振挤填料及周围土体达到提高地基承载力、减小沉降量、增加地基稳定性、提高抗地震液化能力的目的。

德国在 20 世纪 30 年代首先用此法振密砂土地基。近年来，振冲法已用于黏性土中。

（一）适用范围

振冲法大致分为振冲挤密碎石桩和振冲置换碎石桩两类。

1. 振冲挤密碎石桩

振冲挤密碎石桩适用于处理砂类土，从粉细砂到含砾粗砂，粒径小于 0.005 mm 的黏粒不超过 10%，可得到显著的挤密效果。

2.振冲置换碎石桩

振冲置换碎石桩适用于处理不排水抗剪强度不小于 20 kPa 的黏性土、粉土、饱和黄土及人工填土等地基。

(二)作用机制

振冲法对不同性质的土层分别具有置换、挤密和振动密实的作用。对黏性土主要起到置换作用,对中细砂和粉土除置换作用外还有振实挤密作用。在以上各种土中施工,都要在振冲孔内加填碎石(或卵石等)回填料,制成密实的振冲桩,而桩间土则受到不同程度的挤密和振实。桩和桩间土构成复合地基,使地基承载力提高,变形减小,并可消除土层的液化。

在中、粗砂层中振冲,由于周围砂料能自行塌入孔内,也可以采用不加填料进行原地振冲加密的方法。这种方法适用于较纯净的中、粗砂层,施工简便,加密效果好。

(三)设计

振冲法处理设计目前还处在半理论半经验状态,这是因为一些计算方法都还不够成熟,某些设计参数也只能凭工程经验选定。因此,对大型的、重要的或场地地层复杂的工程,在正式施工前应通过现场试验确定其适用性。

1.加固范围及布桩形式

散体材料桩复合地基应在轮廓线以外设置保护桩。

碎石桩复合地基的桩体布置范围应根据建筑物的重要性和场地条件确定,常依基础形式而定:筏板基础、交叉条基、柔性基础应在轮廓线内满堂布置,轮廓线外设 2~3 排保护桩;其他基础应在轮廓线外设 1~2 排保护桩。

布桩形式对大面积满堂布置,宜采用等边三角形梅花布置;对独立柱基、条形基础等,宜采用正方形、矩形布置,见图 2-5。

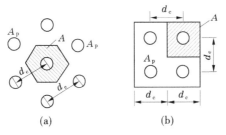

(a)　　　　　　(b)

图 2-5　布桩形式

2.桩长

桩长按照以下原则确定:

(1)当相对硬层埋深不大时,应按相对硬层埋深确定。

(2)当相对硬层埋深较大时,按建筑物地基变形允许值确定。

(3)在可液化地基中,应按要求的抗震处理深度确定。

(4)桩长不宜小于 4 m。与桩体破坏特性有关,防止刺入破坏。

3.桩径、桩距

桩径与振冲器功率、碎(卵)石粒径、土的抗剪强度和施工质量有关。振冲桩直径通常为 0.8~1.2 m,可按每根桩所用填料量计算。

桩距与土的抗剪强度指标及上部结构荷载有关,并结合所采用的振冲器功率大小综合考虑。30 kW 振冲器布桩间距可采用 1.3~2.0 m,55 kW 振冲器布桩间距可采用 1.4~2.5 m,75 kW 振冲器布桩间距可采用 1.5~3.0 m。荷载小或对于砂土宜采用较大的间距。

不加填料振冲加密孔间距视砂土的颗粒组成、密实要求、振冲器功率等因素而定,砂的粒径越细,密实要求越高,则间距越小。使用 30 kW 振冲器,间距一般为 1.8~2.5 m;使用 75 kW 振冲器,间距可加大到 2.5~3.5 m。振冲加密孔布孔宜用等边三角形或正方形,对大面积挤密处理,用前者比后者可得到更好的挤密效果。

4.碎石垫层

在桩顶和基础之间宜敷设一层 300~500 mm 厚的碎石垫层。碎石垫层起水平排水的作用,有利于施工后土层加快固结,更大的作用在碎石桩顶部采用碎石垫层可以起到明显的应力扩散作用,降低碎石桩和桩周围土的附加应力,减少碎石桩侧向变形,从而提高复合地基承载力,减少地基变形量。在大面积振冲处理的地基中,如局部基础下有较薄的软土,应考虑加大垫层厚度。

5.桩体材料

桩体材料可用含泥量不大于 5%的碎石、卵石、矿渣或其他性能稳定的硬质材料,不宜使用风化宜碎的石料。常用的填料粒径为:30 kW 振冲器,20~80 mm;55 kW 振冲器,30~100 mm;75 kW 振冲器,40~150 mm。填料的作用:一方面是填充在振冲器上拔后在土中留下的孔洞;另一方面是利用其作为传力介质,在振冲器的水平振动下通过连续加填料将桩间土进一步振挤加密。

6.复合地基承载力特征值

(1)重大工程和有条件的中小型工程,原则上由现场复合地基载荷试验确定。

(2)初步设计时也可用单桩和处理后桩间土的承载力特征值按下式估算:

$$f_{spk} = mf_{pk} + (1 - m)f_{sk} \qquad (2\text{-}12)$$
$$m = d^2/d_e^2 \qquad (2\text{-}13)$$

式中　f_{spk}——振冲桩复合地基承载力特征值,kPa;

　　　f_{pk}——桩体承载力标准值,kPa,宜通过单桩载荷试验确定;

　　　f_{sk}——处理后桩间土承载力标准值,kPa,宜按当地经验取值,当无经验时,可取天然地基承载力特征值;

　　　m——桩土面积置换率;

　　　d——桩身平均直径,m;

　　　d_e——一根桩分担的处理地基面积的等效圆直径。

等边三角形布桩:　　　　　$d_e = 1.05s$

正方形布桩:　　　　　　　$d_e = 1.13s$

矩形布桩:　　　　　　　　$d_e = 1.13\sqrt{s_1 s_2}$

式中　s、s_1、s_2——桩间距、纵向间距、横向间距。

(3)对小型工程的黏性土地基,若无现场载荷试验资料,初步设计时复合地基承载力特征值也可按下式估算：

$$f_{spk} = [1 + m(n-1)]f_{sk} \tag{2-14}$$

式中　n——桩土应力比,在无实测资料时,可取 $2\sim4$,原土强度低取大值,原土强度高取小值。

实测的桩土应力比参见表2-9,由表2-9可见,n 值多数为 $2\sim5$,建议桩土应力比可取 $2\sim4$。

表 2-9　实测桩土应力比

序号	工程名称	主要土层	n 范围	n 均值
1	江苏连云港临洪东排涝站	淤泥		2.5
2	塘沽长芦盐场第二化工厂	黏土、淤泥质黏土	1.6~3.8	2.8
3	浙江台州电厂	淤泥质粉质黏土	3.0~3.5	
4	山西太原环保研究所	粉质黏土、黏质粉土		2.0
5	江苏南通天生港电厂	粉砂夹薄层粉质黏土		2.4
6	上海江桥车站附近路堤	粉质黏土、淤泥质粉质黏土	1.4~2.4	
7	宁夏大武口电厂	粉质黏土、中粗砂	2.5~3.1	
8	美国 Hampton(164)路堤	极软粉土、含砂黏土	2.6~3.0	
9	美国 New Orleans 试验堤	有机软黏土夹粉砂	4.0~5.0	
10	美国 New Orleans 码头后方	有机软黏土夹粉砂	5.0~6.0	
11	法国 Ile Lacroix 路堤	软黏土	2.0~4.0	2.8
12	美国乔治工学院模型试验	软黏土	1.5~5.0	

7. 不加填料振冲

(1)不加填料振冲加密宜在初步设计阶段进行现场工艺试验,确定不加填料振密的可能性、孔距、振密电流值、振冲水压力、振后砂层的物理力学指标等。

(2)30 kW 振冲器振密深度不超过 7 m,75 kW 振冲器振密深度不宜超过 15 m。不加填料振冲加密孔距可为 2~3 m,宜用等边三角形布孔。

(3)不加填料振冲加密地基承载力特征值应通过现场载荷试验确定,初步设计时也可根据加密后原位测试指标按《建筑地基基础设计规范》(GB 50007—2011)的有关规定确定。

(4)不加填料振冲加密地基变形计算应符合《建筑地基基础设计规范》(GB 50007—2011)的有关规定。加密深度内土层的压缩模量应通过原位测试确定。

(四)施工

1. 施工设备

振冲施工可根据设计荷载的大小、原土强度的高低等条件选用不同功率的振冲器。施工前应在现场进行试验,以确定水压、振密电流和留振时间等各种施工参数。

振冲器的上部为潜水电动机,下部为振动体。电动机转动时通过弹性联轴节带动振动体的中空轴旋转,轴上装有偏心块,以产生水平向振动力。在中空轴内装有射水管,水压可达 0.4~0.6 MPa。依靠振动和管底射水将振冲器沉至所需深度,然后边提振冲器边填砾砂边振动,直到挤密填料及周围土体。振冲法施工时除振冲器外,尚需行走式起吊装置、泵送输水系统、控制操纵台等设备。

振冲施工选用振冲器要考虑设计荷载的大小、工期、工地电源容量及地基土天然强度的高低等因素。30 kW 功率的振冲器每台机组约需电源容量 75 kW,其制成的碎石桩径约 0.8 m,桩长不宜超过 8 m,因其振动力小,桩长超过 8 m 加密效果明显降低;75 kW 振冲器每台机组需要电源容量 100 kW,桩径可达 0.9~1.5 m,振冲深度可达 20 m。

在邻近既有建筑物场地施工时,为降低振动对建筑物的影响,宜用功率较小的振冲器。

为保证施工质量,电压、加密电流、留振时间等要符合要求。如电源电压低于 350 V,则应停止施工。使用 30 kW 振冲器,密实电流一般为 45~55 A;55 kW 振冲器,密实电流一般为 75~85 A;75 kW 振冲器,密实电流为 80~95 A。

升降振冲器的机械可用起重机、自行井架式施工平车或其他合适的设备。施工设备应配有电流、电压和留振时间自动信号仪表。升降振冲器的机具常用 8~25 t 汽车吊,可振冲 5~20 m 长桩。

2. 施工步骤

(1)清理平整施工场地,布置桩位。

(2)施工机具就位,使振冲器对准桩位。

(3)启动供水泵和振冲器,水压可用 200~600 kPa,水量可用 200~400 L/min,将振冲器徐徐沉入土中,造孔速度宜为 0.5~2.0 m/min,直至达到设计深度。记录振冲器适合深度的水压、电流和留振时间。

(4)造孔后,提升振冲器冲水直至孔口,再放至孔底,重复两三次,扩大孔径并使孔内泥浆变稀,开始填料制桩。

(5)大功率振冲器投料可不提出孔口,小功率振冲器下料困难时,可将振冲器提出孔口填料,每次填料厚度不宜大于 50 cm。将振冲器沉入填料中进行振密制桩,在电流达到规定的密实电流值和规定的留振时间后,将振冲器提升 30~50 cm。

(6)重复以上步骤,自上而下逐段制作直至孔口记录各段深度的填料量、最终电流值和留振时间,并均应符合设计规定。

(7)关闭振冲器和水泵。

3. 质量控制

要保证振冲桩的质量,必须符合密实电流、填料量和留振时间三方面的规定。

1)控制加料振密过程中的密实电流

在成桩时,注意不能把振冲器刚接触填料的一瞬间的电流值作为密实电流。瞬时电流值有时可高达 100 A 以上,但只要把振冲器停住不下降,电流值立即变小。可见,瞬时电流并不能真正反映填料的密实程度。只有使振冲器在固定深度上振动一定时间(留振时间)而电流稳定在某一数值,这一稳定电流才能代表填料的密实程度。要求稳定电流值超过规定的密实电流值,该段桩体才算制作完毕。

2)控制填料量

施工中加填料不宜过猛,原则上要勤加料,但每批不宜加得太多。值得注意的是,在制作最深处桩体时,为达到规定密实电流,所需的填料远比制作其他部分桩体多。有时,这段桩体的填料量可占整根桩总填料量的1/4～1/3。其原因:一是开始阶段加的料有相当一部分在孔口向孔底下落的过程中被黏留在某些深度的孔壁上,只有少量能落到孔底;二是如果控制不当,压力水有可能造成超深,从而使孔底填料量剧增;三是孔底遇到了事先不知的局部软弱土层,这也能使填料数量超过正常用量。

4. 施工注意事项

(1)施工现场应事先开设泥水排放系统,或组织好运浆车辆将泥浆运至预先安排好的存放地点,应尽可能设置沉淀池重复使用上部清水。振冲施工有泥水从孔内返出。砂石类土返泥水量较小,黏土层返泥水量大,这些泥水不能漫流在基坑内,也不能直接排入地下排污管和河道中,以免引起对环境的有害影响。为此,在场地上必须事先开设排泥水沟系和做好沉淀池。施工时,用泥浆泵将返出的泥水集中抽入池内,在城市中施工,当泥水量不大时可用水车运走。

(2)桩体施工完毕后应将顶部预留的松散桩体挖除,如无预留应将松散桩头压实,然后敷设并压实垫层。为了保证桩顶部的密实,振冲前开挖基坑时应在桩顶高程以上预留一定厚度的土层,一般30 kW振冲器应留土层0.7～1.0 m,75 kW振冲器应留土层1.0～1.5 m。当基槽不深时,可振冲后开挖。

(3)不加填料振冲加密宜采用大功率振冲器,为了避免造孔中塌砂将振冲器包住,下沉速度宜快,造孔速度宜为8～10 m/min,到达深度后将射水量减至最小,留振至密实电流达到规定时,上提0.5 m,逐段振密至孔口,一般每米振密时间约1 min。在有些砂层中施工时,常要连续快速地提升振冲器,电流始终保持加密电流值。例如,广东新沙港水中吹填的中砂,振前标贯击数$N=3～7$击,设计要求振冲后$N\geqslant15$击,采用正三角形布孔,桩距2.54 m,加密电流100 A,经振冲后达到$N>20$击。14 m厚的砂层完成一孔约需20 min。

(4)振密孔施工顺序宜沿直线逐点逐行进行。施工顺序:"由里向外""由近到远、由轻到重""间隔跳打"。

(五)质量检验

(1)检查振冲施工各项施工记录,如有遗漏或不符合规定要求的桩或振冲点,应补做或采取有效的补救措施。

(2)振冲施工结束后,除砂土地基外,应间隔一定时间后方可进行质量检验。对粉质黏土地基间隔时间可取21～28 d,对粉土地基可取14～21 d。

(3)振冲桩的施工质量检验可采用单桩载荷试验,检验数量为桩数的0.5%,且不少于3根。对碎石桩体检验可用重型动力触探进行随机检验。这种方法设备简单,操作方便,可以连续检测桩体密实情况,但目前尚未建立贯入击数与碎石桩力学性能指标之间的对应关系,有待在工程中广泛应用,积累实测资料,使该法日趋完善。对桩间土的检验可在处理深度内用标准贯入、静力触探等方法进行检验。

(4)振冲处理后的地基竣工验收时,承载力检验应采用复合地基载荷试验。

（5）复合地基载荷试验检验数量不应少于总桩数的 0.5%，且每个单体工程不应少于 3 个检验点。

（6）对不加填料振冲加密处理的砂土地基，竣工验收承载力检验应采用标准贯入、动力触探、载荷试验或其他合适的试验方法。检验点应选择在有代表性或地基土质较差的地段，并位于振冲点围成的单元形心处及振冲点中心处。检验数量可为振冲点数量的 1%，且总数不应少于 5 个。

四、砂石桩法

砂石桩法是指采用振动、冲击或水冲等方式在软弱地基中成孔后，再将砂或碎石挤压进已成的孔中，形成大直径的砂石所构成的密实桩体，包括碎石桩、砂桩和砂石桩，总称为砂石桩。砂石桩与土共同组成基础下的复合土层作为持力层，从而提高地基承载力和减小变形。

（一）适用范围

砂石桩适用于松散砂土、粉土、黏性土、素填土及杂填土地基，主要靠桩的挤密和施工中的振动作用使桩周围土的密度增大，从而使地基的承载力提高、压缩性降低。国内外的实际工程经验证明：砂石桩法处理砂土及填土地基效果显著，并已得到广泛应用。

砂石桩法早期主要用于挤密砂土地基，随着研究和实践的深化，特别是高效能专用机具出现后，应用范围不断扩大。为提高其在黏性土中的处理效果，砂石桩填料由砂扩展到砂、砾及碎石。

砂石桩法用于处理软土地基，国内外也有较多的工程实例，但应注意由于软黏土含水量高、透水性差，砂石桩很难发挥挤密效用。其主要作用是部分置换并与软黏土构成复合地基，同时加速软土的排水固结，从而增大地基土的强度，提高软土地基的承载力。在软黏土中应用砂石桩法有成功的经验，也有失败的教训，因而不少人对砂石桩处理软黏土持有异议，认为黏土透水性差，特别是灵敏度高的土在成桩过程中，土中产生的孔隙水压力不能迅速消散，同时天然结构受到扰动将导致其抗剪强度降低，如置换率不够高，是很难获得可靠的处理效果的。此外，砂石桩处理饱和黏土地基，如不经过预压，处理后地基仍将可能发生较大的沉降，对沉降要求严格的建筑结构难以满足允许的沉降要求。因此，对于饱和软黏土变形控制要求不严的工程可采用砂石桩置换处理。

（二）作用机制

砂石桩加固地基的主要作用如下。

1. 挤密、振密作用

砂石桩主要靠桩的挤密和施工中的振动作用使桩周围土的密度增大，从而使地基的承载能力提高、压缩性降低。当被加固土为液化地基时，由于土的孔隙比减小、密实度提高，可有效消除土的液化。

2. 置换作用

当砂石桩法用于处理软土地基时，由于软黏土含水量高、透水性差，砂石桩很难发挥挤密效用，其主要作用是部分置换并与软黏土构成复合地基，增大地基抗剪强度，提高软土地基的承载力和地基抗滑动破坏能力。

3.加速固结作用

砂石桩可加速软土的排水固结,从而增大地基土的强度,提高软土地基的承载力。

(三)设计

砂石桩设计的主要内容有桩径、桩位布置、桩距、桩长、处理范围、材料、填料用量、复合地基承载力、稳定及变形验算等。对于砂土地基,砂土的最大孔隙比、最小孔隙比及原地层的天然密度是设计的基本依据。

采用砂石桩处理地基应补充设计、施工所需的有关技术资料。对于黏性土地基,应有地基土的不排水抗剪强度指标;对于砂土和粉土地基,应有地基土的天然孔隙比、相对密实度或标准贯入击数、砂石料特性、施工机具等资料。

1.布桩形式

砂石桩孔位宜采用等边三角形或正方形布置。对于砂土地基,因靠砂石桩的挤密提高桩周土的密度,所以采用等边三角形更有利,它使地基挤密较为均匀。对于软黏土地基,主要靠置换作用,因而选用任何一种均可。

2.桩径

砂石桩直径可采用 300~800 mm,可根据地基土质情况和成桩设备等因素确定。对于饱和黏性土地基,宜选用较大的直径。

砂石桩直径的大小取决于施工设备桩管的大小和地基土的条件。小直径桩管挤密质量较均匀,但施工效率低;大直径桩管需要较大的机械能力、工效高,采用过大的桩径,一根桩要承担的挤密面积大,通过一个孔要填入的砂料多,不易使桩周土挤密均匀。对于软黏土,宜选用大直径桩管,以减小对原地基土的扰动程度,同时置换率较大,可提高处理效果。沉管法施工时,设计成桩直径与套管直径比不宜大于 1.5,主要考虑振动挤压时如扩径较大,会对地基土产生较大扰动,不利于保证成桩质量。另外,成桩时间长、效率低也会给施工带来困难。

3.桩距

砂石桩的间距应通过现场试验确定。对于粉土和砂土地基,不宜大于砂石桩直径的4.5 倍;对于黏性土地基,不宜大于砂石桩直径的 3 倍。

砂石桩处理松砂地基的效果受地层、土质、施工机械、施工方法、填砂石的性质和数量、砂石桩排列和间距等多种因素的综合影响,较为复杂。国内外虽已有不少实践,并曾进行了一些试验研究,积累了一些资料和经验,但是有关设计参数如桩距、灌砂石量及施工质量的控制等须通过施工前的现场试验才能确定。

桩距不能过小,也不宜过大,根据经验,桩距一般可控制在 3~4.5 倍桩径。合理的桩径取决于具体的机械能力和地层土质条件。当合理的桩距和桩的排列布置确定后,一根桩所承担的处理范围即可确定。土层密度的增加靠其孔隙的减小,把原土层的密度提高到要求的密度,孔隙要减小的数量可通过计算得出。这样可以设想只要灌入的砂石料能把需要减小的孔隙都充填起来,那么土层的密度也就能够达到预期的数值。据此,如果假定地层挤密是均匀的,同时挤密前后土的固体颗粒体积不变,则可推导出桩距计算公式。

对于粉土和砂土地基,公式推导是假设地面标高施工后和施工前没有变化。实际上,很多工程都采用振动沉管法施工,施工时对地基有振密和挤密双重作用,而且地面下沉,施工后地面平均下沉量可达 100~300 mm。因此,当采用振动沉管法施工砂石桩时,桩距可适当增大,修正系数建议取 1.1~1.2。

地基挤密要求达到的密实度是从满足建筑结构地基的承载力变形或防止液化的需要而定的,原地基土的密实度可通过钻探取样试验,也可通过标准贯入、静力触探等原位测试结果与有关指标的相关关系确定。各有关的相关关系可通过试验求得,也可参考当地或其他可靠的资料。

桩间距与要求的复合地基承载力及桩和原地基土的承载力有关。当按要求的承载力计算出的置换率过高、桩距过小不易施工时,则应考虑增大桩径和桩距。在满足上述要求的条件下,一般桩距应适当大些,可避免施工过大地扰动原地基土,影响处理效果。

初步设计时,砂石桩的间距也可根据被处理土挤密后要求达到的孔隙比来确定。假设在松散砂土中,砂石桩能起到完全理想的效果,设处理前土的孔隙比为 e_0,挤密后的孔隙比为 e_1,又设一根砂石桩所承担的地基处理面积为 A,砂石桩直径为 d,则一根桩孔的体积为 $d^2/4$,单位体积被处理土的孔隙改变量为 $(e_0-e_1)/(1+e_0)$。根据桩的平面布置不同,按下列公式估算砂石桩的间距 s。

1)松散粉土和砂土地基的砂石桩间距

采用等边三角形布置的砂石桩间距:

$$s = 0.95\xi d[(1+e_0)/(e_0-e_1)]^{0.5} \tag{2-15}$$

采用正方形布置的砂石桩间距:

$$s = 0.89\xi d[(1+e_0)/(e_0-e_1)]^{0.5} \tag{2-16}$$

$$e_1 = e_{max} - D_{r1}(e_{max} - e_{min}) \tag{2-17}$$

式中　s——砂石桩间距,m;

　　　d——砂石桩直径,m;

　　　ξ——修正系数,当考虑振动下沉密实作用时可取 1.0~1.2,不考虑振动下沉密实作用时,可取 1.0;

　　　e_0——地基处理前砂土的孔隙比,可按原状土样试验确定,也可根据动力或静力触探等对比试验确定;

　　　e_1——地基挤密后要求达到的孔隙比;

　　　e_{max}、e_{min}——砂土的最大孔隙比、最小孔隙比可按《土工试验方法标准》(GB/T 50123—2019)的有关规定确定;

　　　D_{r1}——地基挤密后要求砂土达到的相对密实度,可取 0.70~0.85。

2)黏性土地基的砂石桩间距

采用等边三角形布置的砂石桩间距:

$$s = 1.08A_e^{0.5} \tag{2-18}$$

采用正方形布置的砂石桩间距:

$$s = A_e^{0.5} \tag{2-19}$$

$$A_e = A_p/m \tag{2-20}$$

式中　A_e——一根砂石桩承担的处理面积,m²;

　　　A_p——砂石桩的截面面积,m²;

m——面积置换率。

4. 桩长

砂石桩的桩长可根据工程要求和工程地质条件通过计算确定。关于砂石桩的长度，通常应根据地基的稳定和变形验算确定，为保证稳定，桩长应达到滑动弧面之下。当软土层厚度不大时，桩长宜超过整个松软土层。标准贯入和静力触探沿深度的变化曲线也是确定桩长的重要资料。

(1) 当松软土层厚度不大时，砂石桩桩长宜穿过松软土层。

(2) 当松软土层厚度较大时，对按稳定性控制的工程，砂石桩桩长应不小于最危险滑动面以下 2 m 的深度；对按变形控制的工程，砂石桩桩长应满足处理后地基变形量不超过建筑物的地基变形允许值，并满足软弱下卧层承载力的要求。

(3) 对可液化的地基，砂石桩桩长应按《建筑抗震设计规范》(GB 50011—2010) 的有关规定采用。对可液化的砂层，为保证处理效果，一般桩长应穿透液化层。

(4) 桩长不宜小于 4 m。

砂石桩单桩荷载试验表明，砂石桩桩体在受荷过程中，在桩顶 4 倍桩径范围内将发生侧向膨胀，因此设计深度应大于主要受荷深度，即不宜小于 4.0 m。

一般建筑物的沉降存在一个沉降槽，若差异沉降过大，则会使建筑物受到损坏。为了减少其差异沉降，可分区采用不同桩长进行加固，用于调整差异沉降。

5. 处理范围

砂石桩处理范围应大于基底范围，处理宽度宜在基础外缘扩大 1~3 排桩。对可液化地基，在基础外缘扩大宽度不应小于可液化土层厚度的 1/2，并不应小于 5 m。

砂石桩处理地基要超出基础一定宽度，这是基于基础的压力会向基础外扩散。另外，考虑到外围的 2~3 排桩挤密效果较差，提出加宽 1~3 排桩，原地基越松则应加宽越多。重要的建筑及要求荷载较大的情况应加宽多些。

砂石桩法用于处理液化地基，原则上必须确保建筑物的安全使用。基础外应处理的宽度目前尚无统一的标准。美国的经验是应处理的宽度取等于处理的深度，但根据日本和我国有关单位的模型试验得到的结果应为处理深度的 2/3。另外，由于基础压力的影响，使地基土的有效压力增加，抗液化能力增大，因此这一宽度可适当降低。同时，根据日本用挤密桩处理的地基经过地震考验的结果，也说明需处理的宽度比处理深度的 2/3 小，据此定出每边放宽不宜小于处理深度的 1/2，同时不宜小于 5 m。

6. 填料量

砂石桩桩孔内的填料量应通过现场试验确定，估算时可按设计桩孔体积乘以充盈系数 β 确定，β 可取 1.2~1.4。如施工中地面有下沉或隆起现象，则填料数量应根据现场具体情况予以增减。

考虑到挤密砂石桩沿深度不会完全均匀，同时实践证明砂石桩施工挤密程度较高时地面要隆起，另外施工中还会有所损失等，因而实际设计灌砂石量要比计算砂石量增加一些。根据地层及施工条件的不同，增加量为计算量的 20%~40%。

7. 桩体材料

桩体材料可用碎石、卵石、角砾、圆砾、砾砂、粗砂、中砂或石屑等硬质材料，含泥量不得大于 5%，最大粒径不宜大于 50 mm。

关于砂石桩用料的要求，对于砂基条件不严格，只要比原土层砂质好同时易于施工即可，一般应注意就地取材。按照各有关资料的要求，最好用级配较好的中砂、粗砂，当然也可用砾砂及碎石。对于饱和黏性土，因为要构成复合地基，特别是当原地基土较软弱、侧限不大时，为了有利于成桩，宜选用级配好、强度高的砾砂混合料或碎石。填料中最大颗粒尺寸的限制取决于桩管直径和桩尖的构造，以能顺利出料为宜。考虑到有利于排水，同时保证具有较高的强度，规定砂石桩用料中粒径小于 0.005 mm 的颗粒含量（含泥量）不能超过 5%。

8. 垫层

砂石桩顶部宜敷设一层厚度为 300~500 mm 的砂石垫层。

9. 复合地基的承载力特征值

砂石桩复合地基的承载力特征值，应通过现场复合地基载荷试验确定，初步设计时也可通过下列方法估算：

（1）对于采用砂石桩处理的复合地基，可按式（2-12）和式（2-13）估算。

（2）对于采用砂桩处理的砂土地基，可根据挤密后砂土的密实状态按《建筑地基基础设计规范》（GB 50007—2011）的有关规定计算。

10. 地基变形计算

砂石桩处理地基的变形计算方法同上述振冲桩；对于砂桩处理的砂土地基，应按《建筑地基基础设计规范》（GB 50007—2011）的有关规定计算。

当砂石桩用于处理堆载地基时，应按《建筑地基基础设计规范》（GB 50007—2011）的有关规定进行抗滑稳定性验算。

（四）施工

1. 施工机械

砂石桩施工可采用振动沉管、锤击沉管或冲击成孔等成桩法。采用垂直上下振动的机械施工的方法称为振动沉管成桩法，采用锤击式机械施工成桩的方法称为锤击沉管成桩法，锤击沉管成桩法的处理深度可达 10 m。当用于消除粉细砂及粉土液化时，宜用振动沉管成桩法。

砂石桩机通常包括机架、桩管及桩尖、提升装置、挤密装置、上料设备及检测装置等部分。为了使砂石有效地排出或使桩管容易打入，高能量的振动砂石桩机配有高压空气或水的喷射装置，同时配有自动记录管贯入深度、提升量、压入量、管内砂石位置及变化，以及电机电流变化等的检测装置。

施工中应选用能顺利出料和有效挤压桩孔内砂石料的桩尖结构。当采用活瓣桩靴时，对砂土和粉土地基宜选用尖锥形，对黏性土地基宜选用平底形，一次性桩尖可采用混凝土锥形桩尖。

2. 成桩试验

施工前应进行成桩工艺和成桩挤密试验。当成桩质量不能满足设计要求时，应在调整设计与施工有关参数后，重新进行试验或改变设计。

不同的施工机具及施工工艺用于处理不同的地层，会有不同的处理效果。常遇到设计与实际情况不符或者处理质量不能达到设计要求的情况,因此施工前在现场进行的成桩试验具有重要的意义。

通过现场成桩试验检验设计要求和确定施工工艺及施工控制要求,包括填砂石量、提升高度、挤压时间等。为了满足试验及检测要求,试验桩的数量应不少于7~9个。正三角形布置至少要7个(中间1个,周围6个),正方形布置至少要9个(3排3列,每排每列各3个)。

3.振动沉管成桩法施工成桩步骤

振动沉管成桩法施工应根据沉管和挤密情况,控制填砂石量、提升高度和速度、挤压次数和时间、电机的工作电流等。

振动法施工成桩步骤如下:

(1)移动桩机及导向架,把桩管及桩尖对准位。

(2)启动振动锤,把桩管下到预定的深度。

(3)向桩管内投入规定数量的砂石料(根据施工试验的经验,为了提高施工效率,装砂石也可在桩管下到便于装料的位置时进行)。

(4)把桩管提升一定的高度(下砂石顺利时提升高度不超1~2 cm),提升时桩尖自动打开,桩管内的砂石料流入孔内。

(5)降落桩管,利用振动及桩尖的挤压作用使砂石密实。

(6)重复(4)、(5)两个步骤,桩管上下运动,砂石料不断补充,砂石桩不断增高。

(7)桩管提至地面,砂石桩完成。

施工中,电机工作电流的变化反映挤密程度及效率,电流达到一定不变值,继续挤压将不会产生挤密效能。施工中不可能及时进行效果检测,因此按成桩过程的各项参数对施工进行控制是重要的环节,必须予以重视。

4.锤击沉管成桩法施工步骤

锤击沉管成桩法施工可采用单管法或双管法,但单管法难以发挥挤密作用,故一般宜用双管法。锤击沉管成桩法挤密应根据锤击的能量,控制分段的填砂石量和成桩的长度。

双管法的施工根据具体条件选定施工设备,也可临时组配。其施工成桩步骤如下:

(1)将内外管安放在预定的桩位上,将用作桩塞的砂石投入外管底部。

(2)将内管用作锤冲击砂石塞,靠摩擦力将外管打入预定深度。

(3)固定外管,将砂石塞压入土中。

(4)提内管并向外管内投入砂石料。

(5)边提外管边用内管将管内砂石冲出挤压土层。

(6)重复(4)、(5)两个步骤。

(7)待外管拔出地面,砂石桩完成。

此法的优点:砂石的压入量可随意调节,施工灵活,特别适合小规模工程。

5.施工顺序

砂石桩的施工顺序:砂土地基宜从外围或两侧向中间进行,黏性土地基宜从中间向外围或隔排施工;在既有建(构)筑物邻近施工时,应背离建(构)筑物方向进行。

6. 施工注意事项

(1)砂石桩施工完毕,当设计或施工投砂石量不足时,地面会下沉;当投料过多时,地面会隆起,同时表层 0.5~1.0 m 常呈松软状态。如遇到地面隆起过高也说明填砂石量不适当。实际观测资料证明,砂石在达到密实状态后进一步承受挤压又会变松,从而降低处理效果。遇到这种情况应注意适当减少填砂石量。

(2)施工时桩位水平偏差不应大于套管外径的 30%,套管垂直度偏差不应大于 1%。

(3)砂石桩施工后,应将基底标高下的松散层挖除或夯压密实,随后敷设并压实砂石垫层。

砂石桩顶部施工时,由于上覆压力较小,因而对桩体的约束力较小,桩顶形成一个松散层,加载前应加以处理才能减少沉降量,有效地发挥复合地基作用。

(五)质量检验

(1)应在施工期间及施工结束后,检查砂石桩的施工记录。对于沉管法,尚应检查套管往复挤压振动次数与时间、套管升降幅度和速度、每次填砂石料量等项的施工记录。砂石桩施工的沉管时间、各深度段的填砂石量、提升及挤压时间等是施工控制的重要措施,这些资料本身就可以作为评估施工质量的重要依据,再结合抽检便可以较好地做出质量评价。

(2)施工后应间隔一定时间方可进行质量检验。对于饱和黏性土地基,应待孔隙水压力消散后进行,间隔时间不宜少于 28 d;对于粉土、砂土和杂填土地基,间隔时间不宜少于 7 d。

由于在制桩过程中原状土的结构受到不同程度的扰动,强度会有所降低,饱和土地基在桩周围一定范围内,土的孔隙水压力上升。待休置一段时间后,孔隙水压力会消散,强度会逐渐恢复,恢复期的长短根据土的性质而定。

(3)砂石桩的施工质量检验可采用单桩载荷试验检测,对桩体可采用动力触探试验检测,对桩间土可采用标准贯入、静力触探、动力触探或其他原位测试等方法进行检测。桩间土质量的检测位置应在等边三角形或正方形的中心。检测数量不应少于桩孔总数的 2%。

(4)砂石桩地基竣工验收时,承载力检验应采用复合地基载荷试验。

(5)复合地基载荷试验数量不应少于总桩数的 0.5%,且每个单体建筑不应少于 3 点。

五、高压喷射注浆法

高压喷射注浆法始创于日本,它是在化学注浆法的基础上,采用高压水射流切割技术发展起来的,利用高压喷射浆液与土体混合固化处理地基的一种方法。高压喷射注浆是利用钻机钻孔,把带有喷嘴的注浆管插至土层的预定位置后,以高压设备使浆液成为 20 MPa 以上的高压射流,从喷嘴中喷射出来冲击破坏土体。部分细小的土料随着浆液冒出水面,其余土粒在喷射流的冲击力、离心力和重力等作用下,与浆液搅拌混合,并按一定的浆土比例有规律地重新排列。浆液凝固后,便在土中形成一个固结体与桩间土一起构成复合地基,从而提高地基承载力,减少地基的变形,达到地基加固的目的。

(一)适用范围

高压喷射注浆法适用于处理淤泥、淤泥质土、流塑土、软塑土或可塑黏性土、粉土、黄土、砂土、素填土和碎石土等地基。当土中含有较多的大粒径块石、大量植物根茎或有过多的有机质时,以及地下水流速过大和已涌水的工程,应根据现场试验结果确定其适用程度。

实践表明,高压喷射注浆法对淤泥、淤泥质土、流塑或软塑黏性土、粉土、砂土、黄土、素填土和碎石土等地基都有良好的处理效果。但对于硬黏性土,含有较多的块石或大量植物根茎的地基,因喷射流可能受到阻挡或削弱,冲击破碎力急剧下降,切削范围小或影响处理效果。而对于含有过多有机质的土层,则其处理效果取决于固结体的化学稳定性。鉴于上述几种土的组成复杂、差异较大,高压喷射注浆法处理的效果差别也较大,不能一概而论,因此应根据现场试验结果确定其适用程度。对于湿陷性黄土地基,因当前试验资料和施工实例较少,亦应预先进行现场试验。

高压喷射注浆法有强化地基和防渗漏的作用,可卓有成效地用于既有建筑和新建工程的地基处理、地下工程及堤坝的截水、基坑封底、被动区加固、基坑侧壁防止漏水或减小基坑位移等。此外,可采用定喷法形成壁状加固体,以改善边坡的稳定性。

高压喷射注浆法处理深度较大,我国建筑地基高压喷射注浆法处理深度目前已达 30 m 以上。

(二)作用机制

高压喷射注浆法作用机制包括对天然地基土的加固硬化和形成复合地基,以加固地基土、提高地基土强度、减少沉降量。

由于高压喷射注浆使用的压力大,因而喷射流的能量大、速度快。当它连续、集中地作用在土体上时,压应力和冲蚀等多种因素便在很小的区域内产生效应,对从粒径很小的细粒土到含有颗粒直径较大的卵石、碎石土,均有巨大的冲击和搅动作用,使注入的浆液与土拌和凝固为新的固结体。

通过专用的施工机械,在土体中形成一定直径的桩体,与桩间土形成复合地基承担基础传来的荷载,可提高地基承载力和改善地基变形特性。该法形成的桩体强度一般高于水泥土搅拌桩,但仍属于低黏结强度的半刚性桩。

(三)特点

1.适用范围较广

由于固结体的质量明显提高,它既可用于工程新建之前,又可用于竣工后的托换工程,可以不损坏建筑物的上部结构,且能使已有建筑物在施工时使用功能正常。

2.施工简便

(1)施工时只需在土层中钻一个孔径为 50 mm 或 300 mm 的小孔,便可在土中喷射成直径为 0.4~4.0 m 的固结体,因而施工时能贴近已有建筑物。

(2)成型灵活,既可在钻孔的全长形成柱形固结体,也可仅做其中一段。

3.可控制固结体形状

在施工中,可调整旋喷速度和提升速度、增减喷射压力或更换喷嘴孔径改变流量,使固结体形成工程设计所需的形状。

4.可垂直、倾斜和水平喷射

通常是在地面上进行垂直喷射注浆,但在隧道、矿山井巷工程、地下铁道等建设中,亦可采用倾斜和水平喷射注浆。

(四)分类形式

高压喷射注浆法在地基中形成的加固体形状与喷射移动方式有关。如图2-6所示,如喷嘴以一定转速旋转、提升,则形成圆柱状的桩体,此方式称为旋喷;如喷嘴只提升不旋转,则形成壁式加固体,此方式称为定喷;如喷嘴以一定角度往复旋转喷射,则形成扇形加固体,此方式称为摆喷。

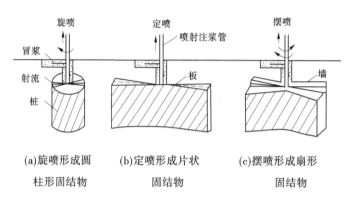

图 2-6 旋喷、定喷与摆喷

根据工程需要和机具设备条件,高压喷射注浆法可划分为以下四种。

1.单管法

单管法是利用钻机把安装在注浆管(单管)底部侧面的特殊喷嘴置入土层预定深度后,用高压泥浆泵等装置以 20 MPa 左右的压力,把浆液从喷嘴中喷射出去冲击破坏土体,使浆液与从土体上崩落下来的土搅拌混合,经过一定时间凝固,便在土中形成一定形状的固结体。

2.双重管法

双重管法使用双通道的二重注浆管。当二重注浆管钻进土层的预定深度后,通过在管底部侧面的一个同轴双重喷嘴,同时喷射出高压浆液和空气两种介质的喷射流冲击破坏土体。即以高压泥浆泵等高压发生装置喷射出 20 MPa 左右压力的浆液从内喷嘴中高速喷出,并用 0.7 MPa 左右的压力把压缩空气从外喷嘴中喷出。在高压浆液和它外圈环绕气流的共同作用下,破坏土体的能量显著增大,最后在土中形成较大的固结体。

3.三重管法

三重管法使用分别输送水、气、浆三种介质的三重注浆管。在以高压泵等高压发生装置产生 20~30 MPa 的高压水喷射流的周围,环绕一股 0.5~0.7 MPa 的圆筒状气流,进行高压水喷射流和气流同轴喷射冲切土体,形成较大的空隙,再另由泥浆泵注入压力为 0.5~3 MPa 的浆液填充,喷嘴做旋转和提升运动,最后便在土中凝固为较大的固结体。

高压喷射注浆法加固体的直径大小与土的类别、密实度及喷射方法有关,当采用旋喷形成圆柱状的桩体时,单管法形成桩体的直径一般为 0.3~0.8 m,三重管法形成桩体的直径一般为 1.0~2.0 m,双重管法形成桩体的直径介于两者之间。

4. 多重管法

多重管法首先需要在地面钻一个导孔,然后置入多重管,用逐渐向下运动的旋转超高压力(约 40 MPa)水射流,切削破坏四周的土体,经高压水冲击下来的土和石成为泥浆后,立即用真空泵从多重管中抽出。如此反复地冲和抽,便在地层中形成一个较大的空间。装在喷嘴附近的超声波传感器及时测出空间的直径和形状,最后根据工程要求选用浆液、砂浆、砾石等材料进行填充。于是在地层中形成一个大直径的柱状固结体,在砂性土中最大直径可达 4 m。

(五)设计

在制订高压喷射注浆方案时,应掌握场地的工程地质、水文地质和建筑结构设计资料等。对既有建筑尚应收集竣工和现状观测资料、邻近建筑和地下埋设物资料等。

1. 材料

高压喷射注浆的主要材料为水泥,对于无特殊要求的工程,宜采用 32.5 级及以上的普通硅酸盐水泥。根据需要可加入适量的早强、速凝、悬浮或防冻等外加剂及掺料。所用外加剂和掺合料的数量应通过试验确定。

水泥浆液的水灰比应按工程要求确定,水泥浆液的水灰比越小,高压喷射注浆处理地基的强度越高。但在生产中因注浆设备的原因,若水灰比太小,则喷射有困难,因此通常取 0.8~1.5,生产实践中常用 1.0。

由于生产、运输和保存等,有些水泥厂的水泥成分不够稳定,质量波动较大,可导致高压喷射水泥浆液凝固时间过长,固结强度降低。因此,事先应对各批水泥进行检验,鉴定合格后才能使用。对拌制水泥浆的用水,只要符合混凝土拌和标准即可使用。水泥在使用前需做质量鉴定,搅拌水泥浆所用的水,应符合《混凝土用水标准》(JGJ 63—2006)中的规定。

2. 桩径

旋喷桩的直径应通过现场试验确定。当无现场试验资料时,亦可参照相似土质条件的工程经验。

旋喷桩直径的确定是一个复杂的问题,尤其是深部的直径,无法用准确的方法确定。因此,除浅层可以用开挖的方法确定外,其余只能用半经验的方法加以判断、确定。

根据国内外的施工经验,其设计直径可参考表 2-10 选用。定喷及摆喷的有效长度为旋喷桩直径的 1.0~1.5 倍。

表 2-10　旋喷桩的设计直径

土质	标准贯入击数	单管法/m	双重管法/m	三重管法/m
黏性土	0<N<5	0.5~0.8	0.8~1.2	1.2~1.8
	6<N<10	0.4~0.7	0.7~1.1	1.0~1.6
砂土	0<N<10	0.6~1.0	1.0~1.4	1.5~2.0
	11<N<20	0.5~0.9	0.9~1.3	1.2~1.8
	21<N<30	0.4~0.8	0.8~1.2	0.9~1.5

注:N 为标准贯入击数。

3. 承载力

旋喷桩复合地基承载力标准值应通过现场复合地基载荷试验确定,也可进行估算或结合当地情况及与土质相似工程的经验确定。旋喷桩复合地基承载力通过现场载荷试验方法确定误差较小。由于通过公式计算在确定折减系数 β 和单桩承载力方面均可能有较大的变化幅度,因此只能用作估算。对于承载力较低时 β 取低值,是出于减小变形的考虑。

竖向承载的旋喷桩复合地基承载力特征值应通过现场单桩或多桩复合地基载荷试验确定。初步设计时也可按下列公式估算:

(1)复合地基承载力特征值:

$$f_{spk} = mR_a/A_p + \beta(1 - m)f_{sk} \tag{2-21}$$
$$m = d^2/d_e^2$$

式中 R_a——桩竖向承载力特征值,kN;

　　　　β——桩间土承载力折减系数,可根据试验或类似土质条件工程经验确定,当无试验资料或经验时,可取 $0 \sim 0.5$,承载力较低时取低值;

　　　　其他符号意义同前。

(2)单桩竖向承载力特征值:

$$R_a = u_p \sum_{i=1}^{n} q_{si}l_i + q_p A_p \tag{2-22}$$

式中 u_p——桩的周长,m;

　　　　n——桩长范围内所划分的土层数;

　　　　q_{si}——桩周第 i 层土桩的侧阻力特征值,kPa;

　　　　l_i——桩周第 i 层土的厚度,m;

　　　　q_p——桩端地基土未经修正的承载力特征值,kPa;

　　　　其他符号意义同前。

为使由桩身材料强度确定的单桩承载力大于或等于由桩周土和桩端土的抗力所提供的单桩承载力,应同时满足下列要求:

$$R_a = \eta f_{cu} A_p \tag{2-23}$$

式中 f_{cu}——与旋喷桩桩身水泥土配比相同的室内加固土试块(边长 70.7 mm 的立方体)在标准养护条件下 28 d 龄期的立方体抗压强度平均值,kPa;

　　　　η——桩身强度折减系数,可取 0.33。

在设计时,可根据需要达到的承载力,按照式(2-13)求得面积置换率 m。当旋喷桩处理范围以下存在软弱下卧层时,应按《建筑地基基础设计规范》(GB 50007—2011)的有关规定进行下卧层承载力验算。

4. 沉降

竖向承载旋喷桩复合地基的变形包括桩长范围内复合土层的平均压缩变形和桩端以下未处理土层的压缩变形,其中复合土层的压缩模量可根据地区经验确定。桩端以下未处理土层的压缩变形值可按《建筑地基基础设计规范》(GB 50007—2011)的有关规定确定。

5. 构造要求

（1）竖向承载时独立基础下的旋喷桩数不应少于4根。

（2）竖向承载旋喷桩复合地基宜在基础与桩顶之间设置褥垫层。褥垫层厚度可取200～300 mm，其材料可选用中砂、粗砂、级配砂石等，最大粒径不宜超过30 mm。

（3）高压喷射注浆法用于深基坑等工程形成连续体时，相邻桩搭接不宜小于300 mm，并应符合设计要求。当旋喷桩需要相邻桩相互搭接形成整体时，应考虑施工中垂直度误差等。尤其在截水工程中，尚需要采取可靠方案或措施保证相邻桩的搭接，防止截水失败。

（六）施工

高压喷射注浆法方案确定后，应进行现场试验、试验性施工或根据工程经验确定施工参数及工艺。施工前，应对照设计图纸核实设计孔位处有无妨碍施工和影响安全的障碍物。如遇有水管、电缆线、煤气管、人防工程、旧建筑基础和其他地下埋设物等障碍物影响施工，则应与有关单位协商清除、搬移障碍物或更改设计孔位。

1. 施工工序

如图2-7所示，以旋喷桩为例，高压喷射注浆法的施工工序如下。

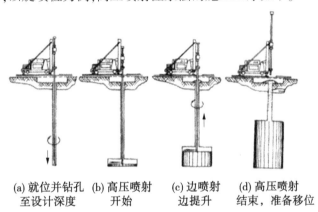

(a) 就位并钻孔　(b) 高压喷射　(c) 边喷射　(d) 高压喷射
至设计深度　　　开始　　　　边提升　　　结束，准备移位

图2-7　高压喷射注浆法施工工序

1）钻机就位与钻孔

钻机与高压注浆泵的距离不宜过远，钻孔的位置与设计位置的偏差不得大于50 mm。实际孔位、孔深和每个钻孔内的地下障碍物、洞穴、涌水、漏水及与工程地质报告不符等情况，均应详细记录。钻孔的目的是将注浆管置入预定深度。如能用振动或直接把注浆管置入土层预定深度，则钻孔和置入注浆管的两道工序合并为一道工序。

2）置入注浆管，开始横向喷射

当喷射注浆管贯入土中，喷嘴达到设计标高时，即可喷射注浆。

高压喷射注浆单管法及双重管法的高压水泥浆液流和三重管法高压水射流的压力宜大于20 MPa。三重管法使用的低压水泥浆液流压力宜大于1 MPa，气流压力宜取0.7 MPa，低压水泥浆的灌注压力通常为1.0～2.0 MPa，提升速度可取0.05～0.25 m/min，旋转速度可取10～20 r/min。

3）旋转、提升

在喷射注浆参数达到规定值后,随即分别按旋喷(定喷或摆喷)的工艺要求提升注浆管,由下而上喷射注浆。注浆管分段提升的搭接长度不得小于 100 mm。

4）拔管及冲洗

完成一根旋喷桩施工后,应迅速拔出喷射注浆管进行冲洗。为防止浆液凝固收缩影响桩顶高程,必要时可在原孔位采取冒浆回灌或第二次注浆等措施。

2. 施工注意事项

(1)高压泵通过高压橡胶软管输送高压浆液至钻机上的注浆管,进行喷射注浆。若钻机和高压水泵的距离过远,势必要增加高压橡胶软管的长度,使高压喷射流的沿程损失增大,造成实际喷射压力降低的后果。因此,钻机与高压水泵的距离不宜大于 50 m。在大面积场地施工时,为了减少沿程损失,应搬动高压泵保持与钻机的距离。

(2)实际施工孔位与设计孔位偏差过大时会影响加固效果,故规定孔位偏差值应小于 50 mm,并且必须保持钻孔的垂直度。土层的结构和土质种类对加固质量关系更为密切,只有通过钻孔过程详细记录地质情况并了解地下情况后,施工时才能因地制宜地及时调整工艺和变更喷射参数,达到处理效果良好的目的。

(3)各种形式的高压喷射注浆,均自下而上进行。当注浆管不能一次提升完成而需分数次卸管时,卸管后喷射的搭接长度不得小于 100 mm,以保证固结体的整体性。

(4)在不改变喷射参数的条件下,对同一标高的土层做重复喷射时,能加大有效加固长度和提高固结体强度。这是一种局部获得较大旋喷直径或定喷、摆喷范围的简易有效方法。复喷的方法根据工程要求确定。在实际工作中,旋喷桩通常在底部和顶部进行复喷,以增大承载力和确保处理质量。对需要扩大加固范围或提高强度的工程,可采取复喷措施,即先喷一遍清水再喷一遍或两遍水泥浆。

(5)在高压喷射注浆过程中出现压力骤然下降、上升或大量冒浆等异常情况时,应查明产生的原因并及时采取措施。流量不变而压力突然下降时,应检查各部位的泄漏情况,必要时拔出注浆管,检查密封性能。出现不冒浆或断续冒浆时,如果土质松软,则视为正常现象,可适当进行复喷;如果附近有孔洞、通道,则应不提升注浆管继续注浆,直至冒浆,或拔出注浆管,待浆液凝固后重新注浆。压力稍有下降时,可能是注浆管被击穿或有孔洞,使喷射能力降低,此时应拔出注浆管进行检查。

当压力陡增超过最高限值、流量为零、停机后压力仍不变动时,则可能是喷嘴堵塞,此时应拔管疏通喷嘴。

(6)当高压喷射注浆完毕,或在喷射注浆过程中因故中断,短时间(小于或等于浆液初凝时间)内不能继续喷浆时,均应立即拔出注浆管清洗备用,以防浆液凝固后拔不出管。

(7)为防止因浆液凝固收缩,产生加固地基与建筑基础不密贴或脱空现象,可采取超高喷射(旋喷处理地基的顶面超过建筑基础底面,其超高量大于收缩高度)、回灌冒浆或第二次注浆等措施。

(8)当处理既有建筑地基时,应采取速凝浆液或大间距隔孔旋喷和冒浆回灌等措施,以防旋喷过程中地基产生附加变形和地基与基础间出现脱空现象,影响被加固建筑及邻近建筑。

（9）在城市施工中，泥浆管理直接影响文明施工，必须在开工前做好规划，做到有计划地堆放及及时将废浆排出现场，保持场地文明。

（10）应对建筑物进行沉降观测。在专门的记录表格上做好自检，如实记录施工的各项参数和详细描述喷射注浆时的各种现象，以便判断加固效果，并为质量检验提供资料。

（七）质量检验

（1）高压喷射注浆施工质量检验可根据工程要求和当地经验，采用开挖检查、钻孔取芯、标准贯入、静力触探、载荷试验或围井注水试验等方法进行，并结合工程测试、观测资料及实际效果综合评价加固效果。

应在严格控制施工参数的基础上，根据具体情况选定质量检验方法。开挖检查法虽简单易行，但难以对整个固结体的质量做全面检查，通常在浅层进行。钻孔取芯法是检验单孔固结体质量的常用方法，选用时需以不破坏固结体和有代表性为前提，可以在 28 d 后取芯或在未凝以前软取芯（软弱黏性土地基）。标准贯入法和静力触探法在有经验的情况下也可以应用。载荷试验是建筑地基处理后检验地基承载力的良好方法。围井注水试验通常在工程有防渗漏要求时采用。建筑物的沉降观测及基坑开挖过程测试和观察是全面检查建筑地基处理质量的不可缺少的重要方法。

（2）检验点应布置在下列部位：有代表性的桩位；施工中出现异常情况的部位；地基情况复杂，可能对高压喷射注浆质量产生影响的部位。

（3）检验点的数量为施工注浆孔数的 1%，并不应少于 3 个检验点。不合格者应进行补喷，质量检验应在高压喷射注浆结束 28 d 后进行。

（4）竖向承载的旋喷桩复合地基竣工验收时，承载力检验应采用复合地基载荷试验和单桩载荷试验。载荷试验必须在桩身强度满足试验的条件下，并宜在成桩 28 d 后进行。检验数量为施工桩总数的 0.5%~1%，且每项单体工程不得少于 3 个检验点。

高压喷射注浆处理地基的强度离散性大，在软弱黏性土中，强度增长速度较慢。检验时间应在喷射注浆后 28 d 进行，以防固结体强度不高时因检验而受到破坏，影响检验的可靠性。

六、水泥土搅拌法

水泥土搅拌法是利用水泥等材料作为固化剂通过特制的搅拌机械，就地将软土和固化剂（浆液或粉末）强制搅拌。首先发生水泥分解，水化反应生成水化物，然后水化物胶结与颗粒发生粒子交换，通过粒化作用和硬凝反应，使软土硬结成具有整体性、水稳性和一定强度的水泥加固土，从而提高地基土强度和增大变形模量，达到加固软土地基的效果。

水泥土搅拌法处理软弱黏性土地基是一种行之有效的办法，可最大限度地利用地基原状土，处理后的复合地基承载力明显提高、适应性强，与类似地基处理方法相比，可节约投资。

（一）适用范围

水泥土搅拌法分为水泥浆搅拌法（简称湿法）和粉体喷搅法（简称干法），适用于处理正常固结的淤泥与淤泥质土、粉土、饱和黄土、素填土、黏性土及无流动地下水的饱和松散砂土等地基。水泥浆搅拌法最早在美国研制成功，称为 Mixed-in-Place Pile 法（简称 MIP 法），国内 1977 年由冶金部建筑研究总院和交通部水运规划设计院进行了室内试验和机械研制工作。于 1978 年年底制造出国内第一台 SJB-1 型双搅拌轴中心管输浆的搅拌机械，并由江阴市江阴振冲器厂成批生产（目前，SJB-2 型的加固深度可达 18 m）。1980 年年初，在上海宝钢三座卷管设备基础的软土地基加固工程中首次获得成功。1980 年年初，天津市机械施工公司与交通部一航局科研所利用日本进口螺旋钻孔机械进行改装成单搅拌轴和叶片输浆型搅拌机。1981 年，在天津造纸厂蒸煮锅改造扩建工程中获得成功。

粉体喷搅法（Dry Jet Mixing Method，简称 DJM 法）最早由瑞典人 Kjeld Paus 于 1967 年提出了使用石灰搅拌桩加固 15 m 深度范围内软土地基的设想，并于 1971 年由瑞典 Linden-Alimat 公司在现场制成第一根用石灰粉和软土搅拌成的桩，1974 年获得粉喷技术专利，生产出的专用机械的桩径为 500 mm，加固深度为 15 m。我国由铁道部第四勘测设计院于 1983 年用 DPP100 型汽车钻改装成国内第一台粉体喷射搅拌机，并使用石灰作为固化剂，应用于铁路涵洞加固。1986 年，开始使用水泥作为固化剂，应用于房屋建筑的软土地基加固。1987 年，铁道部第四勘测设计院和上海探矿机械厂制成 GPP-5 型步履式粉喷机，其成桩直径为 500 mm，加固深度为 12.5 m。当前国内粉喷机的成桩直径一般在 500~700 mm，深度一般可达 15 m。

当地基土的天然含水量小于 30%、大于 70% 或地下水的 pH 值小于 4 时不宜采用粉体喷搅法。

水泥土搅拌法适用于处理泥炭土、有机质土、塑性指数 I_p 大于 25 的黏土、地下水具有腐蚀性时及无工程经验的地区，应用前必须通过现场试验确定其适用性。

(二)作用机制

水泥土搅拌法的作用机制是基于水泥加固土的物理-化学反应过程。在水泥加固土中，由于水泥的掺量很小，仅占被加固土重的 5%~20%，水泥的水解和水化反应完全是在具有一定活性的介质——土的围绕下进行的，硬凝速度缓慢且作用复杂。它与混凝土的硬化机制不同。混凝土的硬化主要是水泥在粗填充料（比表面积不大、活性很弱的介质）中进行水解和水化作用，所以凝结速度较快。而在水泥加固土中，由于水泥的掺量很小，土质条件对于加固土质量的影响主要有两个方面：一是土体的物理力学性质对水泥土搅拌均匀性的影响；二是土体的物理化学性质对水泥土强度增加的影响。

目前，初步认为，水泥加固软土主要产生下列反应。

1. 水泥的水解和水化反应

水泥遇水后，颗粒表面的矿物很快与水发生水解和水化反应，生成氢氧化钙、含水硅酸钙、含水铝酸钙与含水铁酸钙等化合物。其中，前两种化合物迅速溶于水中，使水泥颗粒新表面重新暴露出来，再与水作用，这样周围水溶液就逐渐达到饱和。当溶液达到饱和后，水分子虽继续深入颗粒内部，但新生成物已不能再溶解，只能以细分散状态的胶体析出，悬浮于溶液，形成凝胶体。

2. 离子交换和团粒化作用

土体中含量最多的二氧化硅遇水后形成硅酸胶体微粒,其表面带有 Na^+ 和 K^+,它们能和水泥水化生成的氢氧化钙中的 Ca^{2+} 进行当量离子交换,这种离子交换的结果使大量的土颗粒形成较大的土团粒。

水泥水化后生成的凝胶粒子的比表面积是原水泥比表面积的约 1 000 倍,因而产生很大的表面能,具有强烈的吸附活性,能使较大的土团粒进一步结合起来,形成水泥蜂窝结构,并封闭各土团之间的空间,形成坚硬的联体。

3. 硬凝反应

随着水泥水化反应的深入,溶液中析出大量的 Ca^{2+},当 Ca^{2+} 的数量超过上述离子交换的需要量后,则在碱性的环境中使组成土矿物的二氧化硅及三氧化铝的一部分或大部分与 Ca^{2+} 进行化学反应,随着反应的深入生成不溶于水的稳定结晶矿物,这种重新结合的化合物,在水中和空气中逐渐硬化,增大了土的强度,且由于水分子不易侵入,因而具有足够的稳定性。

(三)水泥土搅拌法的优越性

水泥土搅拌法加固软土技术具有如下独特的优点:

(1)最大限度地利用了原土。

(2)搅拌时无振动、无噪声和无污染,可在密集建筑群中进行施工,对周围原有建筑物及地下沟管影响很小。

(3)根据上部结构的需要,可灵活地采用柱状、壁状、格栅状和块状等加固形式。

(4)与钢筋混凝土桩基相比,可节约钢材并降低造价。

水泥土搅拌法以其独特的优越性,目前已在工业与民用建筑领域广泛地运用。

(四)设计

地基处理的设计和施工应贯彻执行国家的技术经济政策,坚持安全适用、技术先进、经济合理、确保质量、保护环境等原则。

1. 收集资料

确定处理方案前应收集拟处理区域内详尽的岩土工程资料。尤其是填土层的厚度和组成,软土层的分布范围、分层情况,地下水水位及 pH 值,土的含水量、塑性指数和有机质含量等。

对拟采用水泥土搅拌法的工程,除常规的工程地质勘察要求外,尚应注意查明以下情况:

(1)填土层的组成。特别是大块物质(石块和树根等)的尺寸和含量。含大块石的填土层对水泥土搅拌法施工速度有很大的影响,所以必须清除大块石等再予以施工。

(2)土的含水量。当水泥土配比相同时,其强度随土样天然含水量的降低而增大。试验表明,当土的含水量在 50%~85% 范围内变化时,含水量每降低 10%,水泥土强度可提高 30%。

(3)有机质含量。有机质含量较高会阻碍水泥水化反应,影响水泥土的强度增长,因此对有机质含量较高的明、暗浜填土及吹填土应予以慎重考虑。许多设计单位往往采用在浜域内加大桩长的设计方案,但效果不理想。应从提高置换率和增加水泥掺入量的角度来保证浜域内的水泥土达到一定的桩身强度。工程实践表明,采用在浜域内提高置换率(长、短桩结合)往往能得到理想的加固效果。对生活垃圾的填土不应采用水泥土搅拌法加固。

采用干法加固砂土进行颗粒级配分析时,应特别注意土的黏粒含量及对加固料有害的土中离子种类及数量,如 SO_4^{2-}、Cl^- 等。

设计前应进行拟处理土的室内配比试验。针对现场拟处理的最弱层软土的性质,选择合适的固化剂、外掺剂及其掺量,为设计提供各种龄期、各种配比的强度参数。

对于竖向承载的水泥土,强度宜取 90 d 龄期试块的立方体抗压强度平均值;对于承受水平荷载的水泥土,强度宜取 28 d 龄期试块的立方体抗压强度平均值。

水泥土的强度随龄期的增长而增大,在龄期超过 28 d 后,强度仍有明显增长,为了降低造价,对承重搅拌桩试块国内外都取 90 d 龄期为标准龄期。对起支挡作用承受水平荷载的搅拌桩,为了缩短养护期,水泥土强度标准取 28 d 龄期为标准龄期。从抗压强度试验得知,在其他条件相同时,不同龄期的水泥土抗压强度间关系大致呈线性关系。在龄期超过 3 个月后,水泥土强度增长缓慢。180 d 的水泥土强度为 90 d 的 1.25 倍,而 180 d 后水泥土强度增长仍未终止。

当拟加固的软弱地基为成层土时,应选择最弱的一层土进行室内配比试验。

2. 设计思路

对于一般建筑物,都是在满足强度要求的条件下以沉降进行控制的,应采用以下沉降控制设计思路:

(1)根据地层结构进行地基变形计算,由建筑物对变形的要求确定加固深度,即选择设计桩长。

(2)根据土质条件、固化剂掺量、室内配比试验资料和现场工程经验选择桩身强度和水泥掺入量及有关施工参数。

(3)根据桩身强度的大小及桩的断面尺寸,由地基处理规范中的估算式计算单桩承载力。

(4)根据单桩承载力和上部结构要求达到的复合地基承载力,由地基处理规范中的公式计算桩土面积置换率。

(5)根据桩土面积置换率和基础形式进行布桩,桩可只在基础平面范围内布置。

3. 设计步骤

水泥土桩的强度和刚度是介于柔性桩(砂桩、碎石桩等)和刚性桩(钢管桩、混凝土桩)之间的一种半刚性桩。它所形成的桩体在无侧限情况下可保持直立,在轴向力作用下又有一定的压缩性,但其承载性能又与刚性桩相似,因此在设计时可仅在上部结构基础范围内布桩,不必像柔性桩一样需在基础外设置护桩。

在明确了水泥土搅拌桩的设计思路之后,相应的设计步骤简要阐述如下。

1) 布置形式

水泥土搅拌桩的布置形式对加固效果影响很大,一般根据工程地质特点和上部结构要求采用柱状、壁状、格栅状、块状及长短桩相结合等不同形式(见图 2-8)。

(1)柱状。柱状布置是每隔一定距离打设一根水泥土桩,形成柱状加固形式,它可以充分发挥桩身强度与桩周侧阻力。

（2）壁状。壁状布置是将相邻桩体部分重叠搭接成为壁状加固形式,适用于深基坑开挖时的边坡加固及建筑物长高比大、刚度小、对不均匀沉降比较敏感的多层房屋条形基础下的地基加固。

（3）格栅状。格栅状布置是纵横两个方向的相邻桩体搭接而形成的加固形式,适用于对上部结构单位面积荷载大和对不均匀沉降要求控制严格的建(构)筑物的地基加固。

（4）长短桩相结合。当地质条件复杂,同一建筑物坐落在两类不同性质的地基土上时,可用 3 m 左右的短桩将相邻长桩连成壁状或格栅状,藉以调整和减小不均匀沉降量。

(a)柱状   (b)长短桩相结合

图 2-8　搅拌桩的布置形式

水泥土桩加固设计中往往以群桩形式出现,群桩中各桩与单桩的工作状态迥然不同。试验结果表明,双桩承载力小于两根单桩承载力之和;双桩沉降量大于单桩沉降量。可见,当桩距较小时,由于应力重叠产生群桩效应,因此当水泥土桩的置换率较大($m >$ 20%),且非单行排列,而桩端下又存在较软弱的土层时,尚应将桩与桩间土视为一个假想的实体基础,用以验算软弱下卧层的地基承载力。

2) 固化剂

根据室内试验,一般认为用水泥作加固料,对含有高岭石、多水高岭石、蒙脱石等黏土矿物的软土加固效果较好;而对含有伊利石、氯化物和水铝石英等矿物的黏性土及有机质含量高、pH 值较低的黏性土加固效果较差。

在黏粒含量不足的情况下,可以添加粉煤灰。而当黏土的塑性指数 $I_p > 25$ 时,容易在搅拌头叶片上形成泥团,无法完成水泥土的拌和。当地基土的天然含水量小于 30% 时,由于不能保证水泥充分水化,因此不宜采用干法。

采用水泥作为固化剂材料,在其他条件相同时,在同一土层中水泥掺入比不同时,水泥土强度将不同。对于块状加固的大体积处理,对水泥土的强度要求不高,因此为了节约水泥、降低成本,可选用7%~12%的水泥掺量。水泥掺入比大于10%时,水泥土强度可达0.3~2 MPa。水泥土的抗压强度随其相应的水泥掺入比的增加而增大,但因场地土质与施工条件的差异,掺入比的提高与水泥土强度增加的百分比是不完全一致的。

根据室内模型试验和水泥土桩的加固机制分析,其桩身轴向应力自上而下逐渐减小,其最大轴力位于桩顶 3 倍桩径范围内。因此,在水泥土单桩设计中,为节省固化剂材料和提高施工效率,设计时可采用变掺量的施工工艺,以获得良好的技术经济效果。

水泥强度等级直接影响水泥土的强度,水泥强度等级提高 10 级,水泥土强度 f_{cu} 增大 20%~30%。如要求达到相同强度,水泥强度等级提高 10 级可降低水泥掺入比 2%~3%。

固化剂宜选用强度等级为 32.5 级及以上的普通硅酸盐水泥。水泥掺量宜为被加固湿土质量的 12%~20%。施工前应进行拟处理土的室内配比试验。

固化剂与土的搅拌均匀程度对加固体的强度有较大的影响,实践证明,采用复搅工艺对提高桩体强度有较好的效果。

外掺剂对水泥土强度有着不同的影响。木质素磺酸钙对水泥土强度的增长影响不大,主要起减水作用;三乙醇胺、氯化钙、碳酸钠、水玻璃和石膏等材料对水泥土强度有增强作用。其效果对不同土质和不同水泥掺入比又有所不同;当掺入与水泥等量的粉煤灰后,水泥土强度可提高 10%左右。因此,在加固软土时掺入粉煤灰不仅可消耗工业废料,符合环境保护要求,还可使水泥土强度有所提高。

3)搅拌桩的置换率和长度

水泥土搅拌桩的设计,主要是确定搅拌桩的置换率和长度。竖向承载搅拌桩的长度应根据上部结构对承载力和变形的要求确定,并穿透软弱土层到达承载力相对较高的土层。为提高抗滑稳定性而设置的搅拌桩,其桩长应超过危险滑弧以下 2 m。

湿法的加固深度不宜大于 20 m,干法不宜大于 15 m。水泥土搅拌桩的桩径不应小于 500 mm。

对软土地区,地基处理的任务主要是解决地基的变形问题,即地基是在满足强度的基础上以变形进行控制的,因此水泥土搅拌桩的桩长应通过变形计算来确定,对于变形来说,增加桩长对减少沉降是有利的。实践证明,若水泥土搅拌桩能穿透软弱土层到达强度相对较高的持力层,则沉降量是很小的。

对于水泥土桩,其桩身强度是有一定限制的,也就是说,水泥土桩从承载力角度,存在一个有效桩长,单桩承载力在一定程度上并不随桩长的增加而增大。但当软弱土层较厚时,从减少地基的变形量方面考虑,桩应设计较长,原则上,桩长应穿透软弱土层到达下卧强度较高的土层,尽量在深厚软土层中避免采用"悬浮"桩型。

从承载力角度来讲,提高置换率比增加桩长的效果好。水泥土桩是介于刚性桩与柔性桩间的具有一定压缩性的半刚性桩,桩身强度越高,其特性越接近刚性桩;反之,则接近柔性桩。桩越长,则对桩身强度要求越高,但过高的桩身强度对复合地基承载力的提高及桩间土承载力的发挥是不利的。为了充分发挥桩间土的承载力和复合地基的潜力,应使土对桩的支承力与桩身强度所确定的单桩承载力接近。通常使后者略大于前者较为安全和经济。

初步设计时,根据复合地基承载力特征值和单桩竖向承载力特征值的估算公式,可初步确定桩径、桩距和桩长。

(1)复合地基承载力特征值:

$$f_{spk} = mR_a/A_p + \beta(1-m)f_{sk} \tag{2-24}$$

$$m = d^2/d_e^2 \tag{2-25}$$

式中符号意义同前。

当桩端土未经修正的承载力特征值大于桩周土的承载力特征值的平均值时,折减系

数 β 可取 0.1~0.4,差值大时取低值;当桩端土未经修正的承载力特征值小于或等于桩周土的承载力特征值的平均值时,折减系数 β 可取 0.5~0.9,差值大时或设置褥垫层时取高值。

桩间土承载力折减系数 β 是反映桩土共同作用的一个参数。如 $\beta=1$,则表示桩与土共同承受荷载,由此得出与柔性桩复合地基相同的计算公式;如 $\beta=0$,则表示桩间土不承受荷载,由此得出与一般刚性桩基相似的计算公式。

对比水泥土和天然土的应力-应变关系曲线及复合地基和天然地基的 P-S 曲线可见,在发生与水泥土极限应力值相对应的应变值时,或在发生与复合地基承载力设计值相对应的沉降值时,天然地基所提供的应力或承载力小于其极限应力或承载力值。考虑水泥土桩复合地基的变形协调,引入折减系数 β,其取值与桩间土和桩端土的性质、搅拌桩的桩身强度和承载力、养护龄期等因素有关。桩间土较好、桩端土较弱、桩身强度较低、养护龄期较短,则 β 取高值;反之,则 β 取低值。

确定 β 值还应根据建筑物对沉降的要求:当建筑物对沉降要求控制较高时,即使桩端土是软土,β 值也应取小值,这样较为安全;当建筑物对沉降要求控制较低时,即使桩端土为硬土,β 值也可取大值,这样较为经济。

(2)单桩竖向承载力特征值:

$$R_a = u_p \sum_{i=1}^{n} q_{si} l_i + \alpha q_p A_p \tag{2-26}$$

式中 α——桩端天然地基的承载力折减系数,可取 0.4~0.6,承载力高时取低值;
其他符号意义同前。

为使由桩身材料强度确定的单桩承载力大于或等于由桩周土和桩端土的抗力所提供的单桩承载力。应同时满足下列要求:

$$R_a = \eta f_{cu} A_p \tag{2-27}$$

式中 f_{cu}——与搅拌桩桩身水泥土配比相同的室内加固土试块(边长为 70.7 mm 的立方体,也可采用边长为 50 mm 的立方体)在标准养护条件下 90 d 龄期的立方体抗压强度平均值,kPa;

η——桩身强度折减系数,干法可取 0.20~0.30,湿法可取 0.25~0.33。

当搅拌桩处理范围以下存在软弱下卧层时,可按《建筑地基基础设计规范》(GB 50007—2011)的有关规定进行下卧层强度验算。

4)褥垫层的设置

在复合地基设计中,基础与桩和桩间土之间设置一定厚度散体粒状材料组成的褥垫层,是复合地基的一个核心技术。基础下是否设置褥垫层,对复合地基受力影响很大。若不设置褥垫层,复合地基承载特性与桩基础相似,桩间土承载能力难以发挥,不能成为复合地基。基础下设置褥垫层,桩间土承载力的发挥就不单纯依赖于桩的沉降,即使桩端落在坚硬的土层上,也能保证荷载通过褥垫层作用到桩间土上,使桩土共同承担荷载。

水泥土搅拌桩复合地基应在基础和桩之间设置褥垫层,可以保证基础始终通过褥垫层把一部分荷载传到桩间土上,调整桩和土荷载的分担作用。特别是,当桩身强度较大时,在基础下设置褥垫层可以减小桩土应力比,充分发挥桩间土的作用,减少基础底面的应力集中。

褥垫层厚度取为 200~300 mm,其材料可选用中砂、粗砂、级配砂石等,最大粒径不宜大于 20 mm。

5)地基变形验算

水泥土搅拌桩复合地基的变形包括复合土层的压缩变形和桩端以下未处理土层的压缩变形。

竖向承载搅拌桩复合土层的压缩变形可按下式计算:

$$S_1 = \frac{(P_z + P_{zl})l}{2E_{sp}} \quad (2\text{-}28)$$

$$E_{sp} = mE_p + (1 - m)E_s \quad (2\text{-}29)$$

式中 S_1——复合土层的压缩变形量,mm;

P_z——搅拌桩复合土层顶面的附加压力值,kPa;

P_{zl}——搅拌桩复合土层底面的附加压力值,kPa;

E_{sp}——搅拌桩复合土层的压缩模量,kPa;

E_p——搅拌桩的压缩模量,可取 $(100 ~ 120)f_{cu}$,kPa,对桩较短或桩身强度较低者可取低值,反之可取高值;

E_s——桩间土的压缩模量,kPa;

其他符号意义同前。

式(2-28)和式(2-29)是半理论半经验的搅拌桩水泥土体的压缩量计算公式。根据大量水泥土单桩复合地基载荷试验资料,得到在工作荷载下水泥土桩复合地基的复合模量,一般为 15~25 MPa,其大小受面积置换率、桩间土质和桩身质量等因素的影响。根据理论分析和实测结果,复合地基的复合模量总是大于桩的模量与桩间土的模量的面积加权之和。大量的水泥土桩设计计算及实测结果表明,群桩体的压缩变形量仅为 10~50 mm。

桩端以下未处理土层的压缩变形值可按《建筑地基基础设计规范)(GB 50007—2011)的有关规定进行计算。

6)水泥土常用参数经验值

对有关水泥土室内试验所获得的众多物理力学指标进行分析可见水泥土的物理力学性质与固化剂的品种、强度、性状,水泥土的养护龄期,外掺剂的品种、掺量均有关。因此,为了判断某种土类用水泥加固的效果,必须首先进行室内配比试验。作为先期的阶段,或者在地基处理方案比较阶段,以下经验数据可供参考。

(1)任何土类均可采用水泥作为固化剂(主剂)进行加固,只是加固效果不同。砂性土的加固效果要好于黏性土,而含有砂粒的粉土固化后,其强度又大于粉质黏土和淤泥质粉质黏土,并且随着水泥掺量的增加、养护龄期的增长,水泥土的强度也会提高。

(2)与天然土相比,在常用的水泥掺量范围内,水泥土的容量增加不大,含水量降低不多,且抗掺性能大大改善。

(3)对于天然软土,当掺加普通硅酸盐水泥的强度为 32.5 MPa、掺量为 10%~15% 时,90 d 标准龄期水泥土无侧限抗压强度可达到 0.8~2.0 MPa。更长龄期强度试验表明,水泥土的强度还有一定的增加,尚未发现强度降低现象。

（4）可由短龄期（龄期超过 15 d）的水泥强度推求标准龄期（90 d）时的水泥土无侧限抗压强度。

（5）水泥土的抗拉强度为抗压强度的 1/15~1/10。水泥土的变形模量数值为抗压强度的 120~150 倍，压缩模量为 60~100 MPa，水泥土破坏时的轴向应变很小，一般为 0.8%~1.5%，且呈脆性破坏。

（6）从现场实体水泥土桩身取样的试块强度为室内水泥土试块强度的 1/5~1/3。

（五）施工

1. 施工准备

（1）水泥土搅拌法施工现场事先应予以平整，必须清除地上和地下的障碍物。

国产水泥土搅拌机的搅拌头大都采用双层（或多层）十字杆形或叶片螺旋形。这类搅拌头切削和搅拌加固软土十分合适，但对块径大于 100 mm 的石块、树根和生活垃圾等大块物的切割能力较差，即使将搅拌头做了加强处理后已能穿过块石层，但施工效率较低，机械磨损严重。因此，施工时应予以挖除后再填素土为宜，增加的工程量不大，但施工效率却可大大提高。

（2）施工前应根据设计进行工艺性试桩，数量不得少于 2 根。以提供满足设计固化剂掺入量的各种操作参数，验证搅拌均匀程度及成桩直径，并了解下钻及提升的阻力情况，采取相应的措施。

（3）施工机械。

目前，国内使用的深层搅拌桩机械较多，样式大同小异，用于湿法浆喷施工的机械分别有单轴（SJB-3）、双轴（SJB-1）和三轴（SJB-4）的深层搅拌桩机，加固深度可达 20 m。单轴的深层搅拌桩机单桩截面面积为 0.22 m²，双轴的深层搅拌桩机单桩截面面积为 0.71 m²，三轴的深层搅拌桩机单桩截面面积为 1.20 m²（可用于设计中间插筋的重力式挡土墙施工）；SJB 系列的设备常用钻头设计是多片桨叶搅拌形式。深层搅拌桩施工时除使用深层搅拌桩机外，还需要配置灰浆拌制机、集料斗、灰浆泵等配套设备。

用于干法施工的机械分别有 CPP-5、CPP-7、FP-15、FP-18、FP-25 等机型。加固极限深度是 18 m，单桩截面面积为 0.22 m²，喷灰钻头呈螺旋形状；送灰器容量为 1.2 t，配置 1.6 m³/s 空压机，最远送灰距离为 50 m。干法施工的机械也可用于湿法施工，施工时撤除干法施工的配套设备，钻头须改成双十字叶片式钻头，另配置灰浆拌制机、灰浆泵等配套设备。

搅拌头翼片的枚数、宽度，与搅拌轴的垂直夹角、搅拌头的回转数、提升速度应相互匹配，以确保加固深度范围内土体的任何一点均能经过 20 次以上的搅拌。深层搅拌机施工时，搅拌次数越多，则拌和越均匀，水泥土强度也越高，但施工效率则降低。试验证明，加固范围内土体任一点的水泥土每遍经过 20 次的拌和，其强度即可达到较高值。

2. 施工步骤

水泥土搅拌法的施工步骤由于湿法和干法的施工设备不同而略有差异，其主要步骤如下：

（1）搅拌机械就位、调平。

（2）预搅下沉至设计加固深度。

（3）边喷浆（粉）、边搅拌提升，直至预定的停浆面。

（4）重复搅拌下沉至设计加固深度。

（5）根据设计要求，喷浆（粉）或仅搅拌提升直至预定的停浆（灰）面。

（6）关闭搅拌机械。

3. 湿法

（1）施工前应确定灰浆泵输浆量、灰浆经输浆管到达搅拌机喷浆口的时间和起吊设备提升速度等施工参数，并根据设计要求通过工艺性成桩试验确定施工工艺。

每一个水泥土搅拌桩的施工现场，由于土质有差异、水泥的品种和强度等级不同，搅拌加固质量有较大的差别，因此在正式搅拌桩施工前，均应按施工组织设计确定的搅拌施工工艺制作数根试桩，最后确定水泥浆的水灰比、泵送时间、搅拌机提升速度和复搅深度等参数。

（2）所使用的水泥都应过筛，机制备好的浆液不得离析，泵送必须连续。拌制水泥浆液的罐数、水泥和外掺剂用量及泵送浆液的时间等应有专人记录；喷浆量及搅拌深度必须采用经国家计量部门认证的监测仪器进行自动记录。

由于搅拌机械通常采用定量泵输送水泥浆，转速大多又是恒定的，因此灌入地基中的水泥量完全取决于搅拌机的提升速度和复搅次数，施工过程中不能随意变更，并应保证水泥浆能定量不间断供应。采用自动记录是为了最大程度地降低人为干扰施工质量。目前，市售的记录仪必须有国家计量部门的认证。严禁采用由施工单位自制的记录仪。

由于固化剂从灰浆泵到达搅拌机械的出浆口需通过较长的输浆管，必须考虑水泥浆到达桩端的泵送时间。一般可通过试打桩确定其输送时间。

（3）搅拌机喷浆提升的速度和次数必须符合施工工艺的要求，并应有专人记录。

搅拌桩施工检查是检查搅拌桩施工质量和判明事故原因的基本依据，因此对每一延米的施工情况均应如实、及时记录，不得事后回忆补记。

施工中要随时检查自动计量装置的制桩记录，对每根桩的水泥用量、成桩过程（下沉、喷浆提升和复搅等时间）进行详细检查，质检员应根据制桩记录，对照标准施工工艺，对每根桩进行质量评定。

（4）当水泥浆液到达出浆口后，为了确保搅拌桩底与土体充分搅拌均匀，达到较高的强度，应喷浆搅拌 30 s，在水泥浆与桩端土充分搅拌后，再开始提升搅拌头。

（5）搅拌机预搅下沉时不宜冲水，当遇到硬土层下沉太慢时，方可适量冲水，但应考虑冲水对桩身强度的影响。

深层搅拌机预搅下沉时，当遇到较坚硬的表土层而使下沉速度过慢时，可适当加水下沉。试验表明，当土层的含水量增加时，水泥土的强度会降低。但考虑到搅拌设计中一般是按下部最软的土层来确定水泥掺量的，因此只要表层的硬土经加水搅拌后的强度不低于下部软土加固后的强度，也是能满足设计要求的。

（6）施工时如因故停浆，应将搅拌头下沉至停浆点以下 0.5 m 处，待恢复供浆时再喷浆搅拌提升。中途停止输浆 3 h 以上将使水泥浆在整个输浆管路中凝固，因此必须排清全部水泥浆，清洗管路。

（7）壁状加固时，相邻桩的施工时间间隔不宜超过 24 h。当间隔时间太长，与相邻桩无法搭接时,应采取局部补桩或注浆等补强措施。

4. 干法

(1)喷粉施工前应仔细检查搅拌机械、供粉泵、送气(粉)管路、接头和阀门的密封性、可靠性。送气(粉)管路的长度不宜大于 60 m。

每个场地开工前的成桩工艺试验必不可少,由于制桩喷灰量与土性、孔深、气流量等多种因素有关,故应根据设计要求逐步调试,藉以确定施工有关参数(如土层的可钻性提升速度、叶轮泵转速等),以便正式施工时能顺利进行。施工经验表明,送气(粉)管路长度超过 60 m 后,送粉阻力明显增大,送粉量也不易达到恒定。

(2)喷粉施工机械必须配置经国家计量部门确认的具有能瞬时检测并记录出粉量的粉体计量装置及搅拌深度自动记录仪。由于干法喷粉搅拌是用可任意压缩的压缩空气输送水泥粉体的,因此送粉量不易严格控制,所以要认真操作粉体自动计量装置,严格控制固化剂的喷入量,满足设计要求。

(3)搅拌头每旋转一周,其提升高度不得超过 16 m。合格的粉喷桩机一般已考虑提升速度与搅拌头转速的匹配,钻头均约每搅拌一圈提升 15 mm,从而保证成桩搅拌的均匀性。但每次搅拌时,桩体将出现极薄软弱结构面,这对承受水平剪力是不利的。一般可通过复搅的方法来提高桩体的均匀性,消除软弱结构面,提高桩体抗剪强度。

(4)搅拌头的直径应定期复核检查,其磨耗量不得大于 10 mm。定时检查成桩直径及搅拌的均匀程度。当粉喷桩桩长大于 10 m 时,其底部喷粉阻力较大,应适当减慢钻机提升速度,以确保固化剂的设计喷入量。

(5)当搅拌头到达设计桩底以上 1.5 m 时,应立即开启喷粉机提前进行喷粉作业。当搅拌头提升至地面下 500 mm 时,喷粉机应停止喷粉。固化剂从料罐到喷灰口有一定的时间延迟,严禁在没有喷粉的情况下进行钻机提升作业。

(6)成桩过程中因故停止喷粉,应将搅拌头下沉至停灰面以下 1 m 处,待恢复喷粉时再喷粉搅拌提升。

(7)需在地基土天然含水量小于 30% 土层中喷粉成桩时,应采用地面注水搅拌工艺。如不及时在地面浇水,将使地下水水位以上区段的水泥土水化不完全,造成桩身强度降低。

5. 施工注意事项

(1)施工中应保持搅拌桩机底盘的水平和导向架的竖直,搅拌桩的垂直偏差不得超过 1%;桩位的偏差不得大于 50 mm;成桩直径和桩长不得小于设计值。

(2)要根据加固强度和均匀性预搅,软土应完全预搅切碎,以利于水泥浆均匀搅拌。

①压浆阶段不允许发生断浆现象,输浆管不能发生堵塞。

②严格按设计确定数据,控制喷浆、搅拌和提升速度。

③控制重复搅拌时的下沉速度和提升速度,以保证加固范围每一深度内得到充分搅拌。

④竖向承载搅拌桩施工时,停浆(灰)面应高于桩顶设计标高 300~500 mm。

根据实际施工经验,搅拌法在施工到顶端 0.3~0.5 m 范围时,因上覆土压力较小,搅拌质量较差,因此其场地整平标高应比设计确定的桩顶标高再高出 0.3~0.5 m,桩制作时仍施工到地面。待开挖基坑时,再将上部 0.3~0.5 m 的桩身质量较差的桩段挖去。现场实践表明,当搅拌桩作为承重桩进行基坑开挖时,桩身水泥土已有一定的强度,若用机械开挖基坑,往往容易碰撞损坏桩顶,因此基底标高以上 0.3 m 宜采用人工开挖,以保护桩头质量。

6. 主要安全技术措施

(1)深层搅拌机冷却循环水在整个施工过程中不能中断,应经常检查进水温度和回水温度,回水温度不应过高。

(2)深层搅拌机的入土切削和提升搅拌,负载太大及电机工作电流超过额定值时,应减慢提升速度或补给清水,一旦发生卡钻或停钻现象,应切断电源,将搅拌机强制提起之后,才能重新启动电机。

(3)深层搅拌机电网电压低于 380 V 时应暂停施工,以保护电机。

(4)灰浆泵及输浆管路。

①泵送水泥浆前管路应保持湿润,以利于输浆。

②水泥浆内不得有硬结块,以免吸入泵内损坏缸体。每日完工后,需彻底清洗一次。喷浆搅拌施工过程中,如果发生故障停机超过 0.5 h 宜拆卸管路,排除灰浆,妥为清洗。

③灰浆泵应定期拆开清洗,注意保持齿轮减速器内润滑油清洁。

(5)深层搅拌机械及起重设备,在地面土质松软环境下施工时,场地要铺填石块、碎石,平整压实,根据土层情况,铺垫枕木、钢板或特制路轨箱。

(六)质量检验

制桩质量的优劣直接关系地基处理的效果,其中的关键是注浆量、水泥浆与软土搅拌的均匀程度。

(1)水泥土搅拌桩的质量控制应贯穿施工的全过程,并应坚持全程的施工监理。检查重点是水泥用量、桩长、搅拌头转数和提升速度、复搅次数和复搅深度、停浆处理方法等。

(2)水泥土搅拌桩的施工质量检验。成桩 7 d 后,采用浅部开挖桩头[深度宜超过停浆(灰)面下 0.5 m],目测检查搅拌的均匀性,量测成桩直径。检查量为总桩数的 5%。各施工机组应对成桩质量随时检查,及时发现问题并及时处理。开挖检查仅仅是浅部桩头部位,目测其成桩大致情况,如成桩直径、搅拌均匀程度等。

成桩后 3 d 内,可用轻型动力触探(N_{10})检查每米桩身的均匀性。检验数量为施工总桩数的 1%,且不少于 3 根。由于每次落锤能量较小,连续触探一般不大于 4 m;但是,如果采用从桩顶开始至桩底,每米桩身先钻孔 700 mm,然后触探 300 mm,并记录锤击数的操作方法,则触探深度可加大。触探杆宜用铝合金制造,可不考虑杆长的修正。

(3)复合地基竣工验收时,承载力检验应采用复合地基载荷试验和单桩载荷试验。载荷试验必须在桩身强度满足试验荷载条件时,并宜在成桩 28 d 后进行。检验数量为桩总数的 0.5%~1%,且每项单体工程不应少于 3 个检验点。

经触探和载荷试验检验后对桩身质量有怀疑时,应在成桩 28 d 后,用双管单动取样器钻取芯样做抗压强度检验,检验数量为施工总桩数的 0.5%,且不少于 3 根。

(4)对相邻桩搭接要求严格的工程,应在成桩 15 d 后,选取数根桩进行开挖,检查搭接情况。

用作止水的壁状水泥桩体,在必要时可开挖桩顶 3~4 m 深度,检查其外观搭接状态。另外,也可沿壁状加固体轴线斜向钻孔,使钻杆通过 2~4 根桩身,即可检查深部相邻桩的搭接状态。

(5)基槽开挖后,应检验桩位、桩数与桩顶质量,如不符合设计要求,应采取有效补强措施。

水泥土搅拌桩施工时,由于各种因素的影响,有可能不符合设计要求。只有基槽开挖后测放了建筑物轴线或基础轮廓线后,才能对偏位桩的数量、部位和程度进行分析及确定补救措施。因此,水泥土搅拌法的施工验收工作宜在开挖基槽后进行。

对于水泥土搅拌桩的检测,目前应该使用自动计量装置进行施工全过程监控的前提下,采用单桩载荷试验和复合地基载荷试验进行检验。

第四节　岩基开挖技术

一、土石方开挖和基坑防护

(一)一般规定

(1)土石方开挖和填筑,应选择合适的降排水措施,并进行挖填平衡计算,合理调配。土石方开挖和填筑,要根据工程地质和实际施工条件,通过分析比较,选择合理的施工方案。土方开挖如采用机械化施工方案,需考虑土层的承载能力。当采用水力冲挖时,要考虑土的类别及排泥场地。

正确选定降排水措施是保证质量和进度的前提。如措施得当,可减少开挖难度,加快施工进度,特别是在有承压水影响的粉细砂或砂壤土地基中,更需高度重视,否则开挖有可能达不到设计高程,甚至使地基发生渗流破坏。

水闸施工中的土石方工程,一般包括基坑开挖与回填、引河段的开挖与筑堤、导流建筑物的开挖与填堵及施工围堰修筑与拆除等项目,土石方数量大,为此在施工中要对土石方进行综合平衡,做到顺序合理,挖填结合。

(2)弃土、弃渣或取土宜与其他建设相结合,对需使用的土、渣料应按要求分类堆放,并注意环境保护与恢复。应按照批复的水土保持方案合理组织施工。弃土、弃渣区一般堆填平整,有利于造地或绿化造林。对需使用的土渣要分类堆放,对粉细砂、砂壤土、石渣的弃土一般用黏性土覆盖或植物保护,防止水土流失和尘土飞扬。对于取土区,开挖时一般尽量规整,注意环境保护与恢复。

(3)当地质情况与设计文件不符合时,应及时与有关单位协商处理。发现测绘、地质、地震、通信等部门设置的地下设施或永久性标志时,应妥善保护,及时报请有关部门处理。

(4)发现文物古迹、化石等地下埋藏物时,应暂停施工并妥善保护现场,立即报告当地文物行政部门。

(二)排水和降水

(1)场区排水系统的规划和设置应根据地形、施工期的径流量和基坑渗水量等情况确定,并与场区外的排水系统相适应。湿陷性黄土和膨胀土地区,为防止基坑受水浸泡造成地基变形,排水、贮水设施应有防止渗水措施,并与建筑物保持安全距离。

由于湿陷性黄土的特性,湿陷性黄土地区的基坑边坡和基础容易出现滑坡与湿陷,特别是采用明排降水基坑边坡要做防护处理,在基坑防护范围内的明排沟槽要求不漏水,要做防渗处理并保证沟槽排水畅通,以保证建筑基础的安全。

(2)基坑的排水设施,应根据坑内的积水量、地下水渗流量、围堰渗流量及降雨量等计算确定。抽水水位下降速率应根据工程具体特点确定,并确保基坑及围堰边坡稳定。

基坑排水设施的能力,在围堰合龙后的初期,一般按坑内积水量的2~3倍来配备。在以后的阶段可结合水文地质情况、围堰渗水量、最大降雨量、施工进度等因素计算确定。

基坑水位的允许下降速率,视围堰形式、地基特性及基坑内外水位确定,对土质围堰一般为0.5 m/d左右。

(3)基坑的外围宜在离边坡上沿外侧设置截水沟与围埂,防止基坑以外来水流入基坑。对山区高边坡排水,水流比较集中,因此规定了排水沟尽量远离边坡开挖线,以保证边坡及基坑安全。

(4)降低地下水水位(简称降水)可根据工程地质和水文地质情况、周边环境和建筑物分布情况,选用集水坑或井点降水。对基坑附近重要建筑物在降水过程中应实时监测,必要时可配合采用截渗措施。

对砂壤土、粉细砂土或有承压水的土层,要根据水头、水量分别选用不同类型的井点降水,根据《建筑地基与基础工程施工质量验收规范》(GB 50202—2018)、《公路桥涵施工技术规范》(JTG/T 3650—2020)和河南、安徽、江苏等地的经验,列出各类井点的适用范围,如表2-11所示。

表2-11　各类井点的适用范围

井点类别	土壤渗透系数/(m/d)	降低水位深度/m
一级轻型井点法	0.1~80	3~6
二级轻型井点法	0.1~80	6~9
喷射井点法	0.1~50	8~20
射流泵井点法	0.1~50	<10
电渗井点法	<0.1	5~6
管井井点法	20~200	3~5
深井井点法	10~80	>15

注:1.降低土层中地下水水位时,要将滤水管埋设于透水性较大的土层中。

2.井点管的下端滤水长度要考虑渗水土层的厚度,但不得小于1 m。

3.管井泵法降水适用于建筑物基础开挖较深的土层。

4.截流措施适用于工程地点与相关建筑物较近且不影响该建筑物安全的地点。

(5)集水坑降水应符合下列规定:

①抽水设备能力应不小于基坑渗透流量和施工期最大日降雨径流量总和的 1.5 倍。

②集水坑底高程应低于排水沟底高程。

③集水坑和排水沟应布置在建筑物底部轮廓线以外一定距离。

④挖深超过 5 m 以上,宜设置多级平台和排水设施。

⑤对流砂、管涌部位应采取反滤导渗措施。

(6)在进行井点降水措施设计时,需准确掌握降水地区工程地质和水文地质资料,所采用的土层渗透系数必须可靠。当工程规模较大或土层情况较复杂时,要做校核抽水试验。井点降水设计应包括下列内容:

①降水计算,必要时,可做现场抽水试验,确定计算参数。

②平面布置、井深、结构、管路与施工道路交叉处的保护措施。降水井点宜布置在基坑四周,如需在基坑范围内布置降水井点,应进行技术论证。

③抽水设备的型号和数量(包括备用量),备用电源的设置。

④水位观测孔的位置和数量。

⑤降水范围内已有建筑物的安全防护措施。

布置井点时,一般要求将地下水降至基坑底以下 0.5~1.0 m,井点系统要布置成封闭型,井点圈的宽度大于 2 倍抽水影响半径时,需在基坑中部再布置线状井点系统或布置成上下两个封闭圈。

井点一般不建议在土基坑内设置,如必须施工降水则要进行专项技术论证。井点降水特别是采用管井井点降水时,形成的降水漏斗范围大,可能会引起附近建筑物的沉降,要制订观测计划和安全措施。

(7)在水闸施工中,井点的井管多采用混凝土管,管的内径一般为 300~400 mm,分实管和过滤管两种。过滤管多为 10 MPa 无砂混凝土管,孔隙率为 20%~25%,裹滤布;实管一般为 20 MPa 混凝土管。井底为透水层时,井底要封闭,防止因水头差过大,滤料上翻,井底周围砂料被抽走,导致基坑破坏。

洗井能清除井底淤积沉淀物,破除井壁的附着泥浆和抽出渗入含水层中的黏土颗粒,并使井周围地层成为天然反滤层,故回填滤料完毕后,要及时洗井;否则,将影响管井的出水量。每段抽水洗井的长度为 3~4 m,采用抽停相间的程序,能产生瞬时负水锤,易带动泥沙,效果较好。洗井的主要设备有空气压缩机、风水管和气水混合器等。

管井施工应符合下列规定:

①成孔宜采用泥浆护壁,在特殊地质条件下可用清水固壁,采用泥浆护壁时,泥浆应符合有关规定。

②井管应经清洗检查合格后使用,各段井管的连接应牢固。

③滤布、滤料应符合设计文件要求,滤布应与井管紧固;井底应封闭或分层铺填滤料,井侧滤料均匀连续填入。

④成井后应及时采用分段自上而下和抽停相间的程序抽水洗井。

⑤试抽时应检查地下水下降情况,通过试抽确定泵型和抽水量,达到预定降水高程。

(8)根据施工经验,轻型井点施工应符合下列规定:

①安装顺序宜为敷设集水总管,沉放井管,灌填滤料,连接管路,安装抽水机组。

②各部件应安装严密,不漏气,集水总管与井点管宜用软管连接。

③冲孔孔径不应小于 0.3 m,孔底应比管底深 0.5 m 以上,管距宜为 0.8~1.6 m。

④每根井点管沉放后,应检查渗水性能;井点管与孔壁之间填砂滤料时,管口应有泥浆水冒出,或向管内灌水时,应很快下渗,方为合格。

⑤整个系统安装完毕后,应及时试抽,如发现漏水、漏气现象,应及时进行加固或采用黏土封堵处理。

(9)抽水时应监测出水情况,如发现水质混浊应检测出砂率,出砂率大于 0.3‰~0.5‰时,应停止抽水,分析原因并及时处理。建筑物中间一般不要打井管,经专项技术论证可打井点的情况下,则必须严格控制井管的出砂率,不要大于 0.3‰~0.5‰。

(10)降水期间,应按时观测,记录水位和流量,观测周期为初时 1~2 h 观测一次;待出水稳定后,应在交接班时观测一次。对轻型井点还应观测真空度。

(11)井点拔除后,应按要求填塞。

(三)基坑开挖

(1)基坑土方边坡稳定的安全系数一般不小于 1.05,但在实际施工中,还要考虑施工方法(采用人工或机械开挖)、渗流、降雨等因素。如为减轻对砂性土边坡的冲蚀,可放缓边坡。在粉细砂、砂壤土地层中,若将集水坑降水改为井点降水,使地下水水位下降情况发生变化,可取消龙沟,改陡边坡。土方开挖应制订合理的施工方案,并符合下列规定:

①基坑边坡应根据工程地质、施工条件和降低地下水水位措施等情况,经稳定验算后确定。

②土方明挖前,应降低地下水位,使其低于开挖面不少于 0.5 m。

③基坑开挖宜分层分段依次进行,逐层设置排水沟,层层下挖。

④根据土质、气候和施工机具等情况,基坑底部应留有一定厚度的保护层,在底部工程施工前,分块依次挖除。

⑤在温度低于 0 ℃挖除保护层时,应采取可靠的防冻措施。

(2)采用水力冲挖时,掌子面高度不宜大于 5 m,当掌子面过高时可利用爆破或机械开挖法,先使土体坍落,再布置水枪冲土;水枪布置的安全距离不宜小于 3 m,同层之间距离保持 20~30 m,上下层之间枪距保持 10~15 m。应预留足够的保护层厚度。

(3)采用挖泥船施工时,应符合下列规定:

①泥层厚度超过挖泥船一次最大挖泥厚度时,应分层开挖。开挖时,上层宜厚,下层宜薄。

②当高水深大于泥船最大挖深,而低潮位水深又小于挖泥船吃水时,可通过预测潮位具体安排施工时间和程序。

③应留足够的保护层厚度。

(4)膨胀土地区施工时,应符合下列规定:

①基坑施工采用快速作业法。施工过程中不应使基坑暴晒或泡水;应及时采取措施防止边坡坍塌;验基后应及时浇筑混凝土垫层或采取封闭坑底措施。

②在坡地施工时,挖方作业应由坡上方自上而下开挖;坡面完成后,应立即封闭。

(5)湿陷性黄土地区施工时,应符合下列规定:

①基坑开挖前和施工期间,应对周围建筑物的情况进行调查与监测;同时,对基坑边边外宽度为1~2倍开挖深度的平面范围内土体,进行垂直节理和裂缝调查,分析其对边坡稳定性的影响,并及时采取措施,防止水流入裂缝内。

②当发现地基浸水湿陷或建筑物产生裂缝时,应暂停施工,查明原因,经处理后方可继续施工。

(6)石方开挖应符合下列规定:

①采用钻爆开挖、机械开挖或静态破碎等方法,不得在设计建基面、设计边坡附近采用洞室爆破法或药壶爆破法施工。

②分层进行施工,不应采取自下而上造成岩体倒悬的开挖方式施工。开挖顺序规定,目的是为了保证施工安全,在较狭窄河床段施工尤为突出,自下而上开挖更不采用。台阶爆破的方法是目前世界上岩石开挖的主要手段。它具有破碎效果好、影响范围小、便于装运和边坡加固等优点。台阶高度主要根据边坡高度及地形、地质、施工进度和机械性能等因素确定。台阶高度根据经验可采取8~15 m。

③设计边坡轮廓面的开挖可采用预裂爆破法或光面爆破法施工,对于风化岩石也可采用机械破碎的方法施工。预裂爆破和光面爆破可以形成质量好的边坡轮廓面,可减少超(欠)挖。预裂爆破或光面爆破是已成熟的钻孔爆破技术,一般要优先采用。风化岩石则可以用机械破碎的方法施工。

④台阶爆破时钻孔孔径不宜大于150 mm;当对紧邻保护层岩石进行台阶爆破及预裂爆破、光面爆破时,钻孔孔径不宜大于110 mm;保护层爆破时钻孔孔径不宜大于50 mm。

做好上述工作才能保证开挖安全,保证边坡的稳定。钻孔孔径的直径规定,是基于对基础开挖质量的严格要求。若钻孔直径大于150 mm,孔内装药量加大,对基础开挖不利,紧邻台阶保护层及光面预裂爆破直径一般不大于110 mm,是为了保护建基面的质量和为了控制不耦合系数在合理范围内。保护层爆破一般不大于50 mm,是为了减少保护层开挖对建基面的损伤。

若不按爆破设计确定钻孔位置,势必影响爆破效果和开挖质量。钻孔有偏差不可避免,但不建议过大,尤其是在轮廓面上的预裂爆破或光面爆破,以及紧邻设计轮廓面的台阶爆破孔,若开孔偏差大,会造成超(欠)挖,并影响基础和边坡的开挖质量。

⑤爆破孔的装药、堵塞、网络的连接及起爆,应由爆破负责人统一指挥,由爆破员按爆破设计规定实施。对多个区域同一时段进行爆破时,要统一成立爆破指挥机构,明确责任,统一信号,避免发生安全事故。

⑥接近水平建基面的开挖,宜采用预留保护层的方法开挖。预留保护层开挖是保证建基面平整,减少超(欠)挖的有力措施,要认真操作。为了防止其上部台阶爆破对水平建基面岩体造成破坏或不利影响,因此钻孔一般不钻入保护层内,保护层开挖要分层爆破、钻孔均不能穿过建基面,水平建基面高程一般允许超挖20 cm。保护层或建筑物基面的开挖,爆破钻孔的孔向一般与岩层、节理裂隙面有较大的合理夹角,一般为45°~90°(陡—缓倾角结构面),爆破起爆顺序要按顺势进行。这样的爆破可有效保护建基面,也可减少大量的清基工作。

⑦设计坡开挖前,应做好开挖轮廓线的危石清理、削坡、加固和排水等工作,并注意保

护清理区域外的天然植被。

（7）基坑开挖应进行安全检查,必要时应进行安全监测。

（8）施工期安全监测的目的是保证土方开挖和开挖爆破施工安全及开挖施工质量。安全监测内容:其一是土方开挖边坡的稳定;其二是爆破过程的动态监测;其三是测量爆破前后保留岩体的松弛范围及变形变化。

监测(检测)仪器的校准是保证成果可靠性的必要条件。施工期监测一般结合永久监测,详细的监测内容参照《水利水电工程爆破安全监测规程》(DL/T 5333—2005)和《土石坝安全监测技术规范》(SL 551—2012)执行。

施工期安全监测要及时提交监测简报,分析监测资料,发现异常情况在 24 h 内采用口头或书面报告相关部门,必要时立即报告。安全监测应符合下列规定:

①主要内容基坡稳定监测、爆破开挖的有害效应监测、建基面岩体松弛范围监测、已灌浆部位和已浇筑混凝土质量监测。

②监测(检测)仪器应满足安全监测要求。

③基坑边坡稳定监测宜结合边坡的永久监测进行,其他相关监测内容及方法应符合国家现行有关标准的规定。

④应做好安全监测资料的记录、分析整理工作,用以指导施工,在监测过程中发现异常情况,应及时处理。

（四）土石方填筑

（1）填筑前,应对填筑面进行清理和处理,经隐蔽工程验收合格后开始填筑施工。

（2）填筑材料及压实质量应符合设计要求。

（3）墙后的清理工作包括割除墙面露出的钢筋头及涂沥青封闭、填补螺栓孔、浆砌石岸墙、翼墙背的勾缝等。伸缩缝处最好再铺一层两布一膜土工布隔水。

填土均衡上升,对单孔闸是指两侧岸墙、翼墙后的填土要同时均衡上升。对多孔闸,由于两侧距离较远,则无此要求。对同一侧的岸墙、翼墙的填土不论单孔闸还是多孔闸,要先深后浅,均衡上升。岸墙、翼墙后的回填施工,应符合下列规定:

①墙后及伸缩缝应经清理合格后方可回填;混凝土面在填土前,应清除其表面的乳皮、粉尘等并用风枪吹扫干净;岩面直接填土前,应清扫岩面上的泥土,对松动的岩石等进行处理;岸墙、翼墙后填土应尽量均衡上升,左右侧填土面高差不宜过大。

②岩面上填土时,应洒水湿润,并边涂刷浓泥浆、边铺土、边夯实,不应在泥浆干涸后再铺土和压实。泥浆的质量比(土:水)可为 1:2.5～1:3.0,涂层厚度可为 3～5 mm;在裂隙岩面上填土时,涂层厚度可为 5～10 mm。

③靠近岸墙(边墩)、翼墙、岸坡的回填土宜用人工或小型机具夯压密实。

④分段处应留有坡度,错缝搭接。

⑤冬季施工,土料的温度应在 0 ℃以上。

（4）土工格栅填土是加筋的一种,通过加筋,增加回填土的抗剪强度、抗拉强度和整体性,从而增加回填土(边坡)的稳定性。它是参考《水利水电工程土工合成材料应用技术规范》(SL/T 225—1998)相关规定并结合南水北调中线工程渠坡换填处理的一些具体做法编制的。土工格栅加筋结构施工应符合下列规定:

①施工工作面应压实平整。

②格栅铺设应平整，无褶皱。格栅主要受力方向宜通长无接头，幅与幅之间的连接可人工绑扎搭接，搭接宽度不小于150 mm。当设置的格栅在两层以上时，层与层之间应错缝。

③填料应满足设计要求。当设计无要求时，填料粒径不宜大于100 mm，并控制级配以保证压实质量。

④格栅铺设定位后，应及时填土覆盖，裸露时间不宜超过48 h，亦可采取边铺设边回填的流水作业法。采用进占法铺土，碾压应先两侧后中间，车辆和压实机械不应直接碾压格栅。

⑤采用包裹层面削坡后，将预留土工格栅翻包到已经压实的土层上面，由坡面向上层包裹形成反包搭接，反包长度（平直段）不应小于1 m。

（5）墙后回填应考虑预加沉降量。预加沉降量要包括地基沉降量和填土的压缩量，如设计无要求，根据施工经验，预加沉降量一般约为填土高度的3%，如地基松软、填土要求特殊，要通过计算确定。

（6）墙后排渗设施的施工，应先回填再开挖槽坑。鉴于有的水闸在墙后铺设排渗设施时，边回填边铺设滤料及管线，滤料的层次难于掌握，故加以规定。

（五）基坑防护

（1）当基坑边坡受外界条件影响不能满足设计要求时，应采用适当的防护措施，确保开挖边坡稳定。当水闸位置地处建（构）筑物比较接近，开挖边坡受到限制时，要对边坡进行钢筋网喷混凝土处理，以确保边坡稳定。

（2）当周边有建筑物的水闸施工时，应制订包括基坑监测措施等内容的专项基坑围护方案。位于城市或周边建筑物较多的水闸施工，一般要做基坑围护，以确保安全。

（3）坡脚为粉质壤土或细砂土层时，应堆反滤料及砂石袋压脚防护。由于地质情况不均，局部出现粉质壤土或细砂土层，要采取堆反滤料及砂、石土袋对坡脚进行压护。

（4）基坑开挖后，应加强监测，发现影响安全的情况时应及时处理。

（5）石方开挖边坡支护宜与永久支护相结合，需要临时支护的边坡，应根据地质条件、边坡形态、开挖顺序等因素进行支护设计。临时支护和永久支护相结合，即可保证施工期安全，又可降低工程费用。当永久支护无法及时实施时，则需增加相应的临时支护。

（6）边坡喷锚支护应符合下列规定：

①根据地质条件确定开挖程序和支护顺序。对易风化、易崩解和具有膨胀性等岩体，开挖后应及时封闭岩体并采取排水、防水措施。

②应保证边坡喷层和锚杆之间有良好的黏结和锚固，使锚喷支护与边坡形成整体。

二、石方回填的施工技术要求

水闸的土方回填可分为两类：一类是水闸开挖后的土堤回填；另一类是水闸建筑物背后的土方回填。由于两类的任务不同，因此对其所采用的施工方法和施工技术要求也不同，现分述如下：

（1）土堤回填的土方数量较大，故必须根据设计要求的强度和技术条款采用机械化施工。施工单位对设计单位所提供的土料场进行调查试验,并对所提供的料场储量与质量进行取样,必须对所筑堤材料的种类、数量,开采的地点、地质、地形情况有充分的了解,做到心中有数。

(2)对水闸堤体结构压实作业的要求:压实机具的类型、规格等应符合施工规定,碾压参数应由碾压试验确定,严格控制压实参数,保证压实质量的必要条件,并按规定取试样检查合格后才准铺筑上层填料。对于填筑层面的处理,填筑面进料运输线是汽车经常进入的位置,要做到铺土前必须松土凿毛,这是为了保证填筑层面之间的结合质量。施工时应分段填筑,各段应设立标志,以防漏压欠压,上下层的分段接缝位置应错开。碾压机械的行走方向应平行于堤的轴线不应小于0.5 m,垂直的轴线方向不应小于3 m。不同碾压层的分段接缝位置应相互错开,主要是为了避免压实质量薄弱环节都集中在堤身的某一个断面的现象发生,使整个堤身的压实质量符合质量要求而且比较均匀。碾压作业时要求碾压机械行走方向应平行于堤线,主要是有利于堤身形成一个密实的连续体,而若垂直于堤线方向进行碾压对形成一个密实连续的堤身是十分不利的,甚至还会产生过多的堤身疏松地,从而使堤身渗漏通道隐患的概率大大增加。

(3)对水闸建筑物背后的填土,由于填筑的土方数量不大,同时工作面狭小,不能使用机具,仅用人工回填,所采用的工具有振动夯、青蛙夯、气夯等。由于施工场地狭窄,工作不方便,因此不能急于求成,应分层夯实,现场抽取试样每层合格后方可进行下层的施工。土料的含水量要适宜,才能达到好的密实度。夯实的各项参数也应通过试验确定。

第三章 施工总布置

第一节 概 述

一、施工总布置的作用

施工总平面图是拟建项目施工场地的总布置图,是施工组织设计的重要组成部分,是根据工程特点和施工条件,对施工场地上拟建的永久建筑物、施工辅助设施和临时设施等进行平面和高程上的布置。施工现场的布置应在全面了解掌握枢纽布置、主体建筑物的特点及其他自然条件等的基础上,合理地组织和利用施工现场,妥善处理施工场地内外交通;使各项施工设施和临时设施能最有效地为工程服务;保证施工质量,加快施工进度,提高经济效益;同时,也为文明施工、节约土地、减少临时设施费用创造了条件。另外,将施工现场的布置成果标在一定比例尺的施工地区地形图上,就构成施工现场布置图。绘制的比例一般为1:1 000 或者1:2 000。

二、施工总布置的内容

(1)配合选择对外运输方案,选择场内的运输方式以及两岸交通联系的方式,布置线路,确定渡口、桥梁的位置,组织场内运输。

(2)选择合适的施工场地,确定场内区域划分的原则,布置各施工辅助企业及其他生产辅助设施,布置仓库站场、施工管理及生活福利设施。

(3)选择给水、供电、压气、供热及通信等系统的位置,布置干管、干线。

(4)确定施工场地排水、防洪标准,规划布置排水、防洪沟槽系统。

(5)规划弃渣、堆料场地,做好场地土石方平衡及开挖土石方调配。

(6)规划施工期环境保护和水土保持措施。

概括起来包括:原有地形已有的地上建筑物、地下建筑物、构筑物、铁路、公路和各种管线等;一切拟建的永久建筑物、构筑物、道路和管线;为施工服务的一切临时设施;永久半永久性的坐标位置,料场和弃渣场位置。

三、施工总布置的原则及依据

(一)施工总布置的原则

施工总布置方案应遵循因地制宜、因时制宜、有利生产、方便生活、易于管理、安全可靠、经济合理的原则。

(1)施工总布置应综合分析水工枢纽布置、主体建筑物规模、形式、特点、施工条件和工程所在地区社会、自然条件等因素,妥善处理好环境保护和水土保持与施工场地布局的关系,合理确定并统筹规划为工程施工服务的各种临时设施。

(2)施工总布置方案应贯彻执行十分珍惜和合理利用土地的方针,遵循因地制宜、因时制宜、有利生产、方便生活、易于管理、安全可靠、注重环境保护、减少水土流失、充分体现人与自然和谐相处以及经济合理的原则,经全面系统比较论证后选定。

(3)施工总布置设计时应该考虑以下方面:

①施工临时设施与永久设施,应研究相互结合、统一规划的可能性。临时建筑设施,不要占用拟建永久建筑或设施的位置。

②确定施工临建设施项目及其规模时,应研究利用已有企业设施为施工服务的可能性与合理性。

③主要施工工厂设施和临时设施的布置应考虑施工期洪水的影响,防洪标准根据工程规模、工期长短、河流水文特性等情况,分析不同标准洪水对其危害程度,在5~20年重现期范围内酌情采用。高于或低于上述标准,应有充分论证。

④场内交通规划,必须满足施工需要,适应施工程序、工艺流程;全面协调单项工程、施工企业、地区间交通运输的连接与配合,运输方便,费用少,尽可能减少二次转运;力求使交通联系简便,运输组织合理,节省线路和设施的工程投资,减少管理运营费用。

⑤施工总布置应做好土石方挖填平衡,统筹规划堆渣、弃渣场地;弃渣应符合环境保护及水土保持要求。在确保主体工程施工顺利的前提下,要尽量少占农田。

⑥施工场地应避开不良地质区域、文物保护区。

⑦避免设施地有严重不良地质区域或滑坡体危害地区;泥石流山洪、沙暴或雪崩可能危害的地区;重点保护文物、古迹、名胜区或自然保护区;与重要资源开发有干扰的地区;受爆破或其他因素严重影响的地区。

施工总布置应根据施工需要分阶段逐步形成,做好前后衔接,尽量避免后阶段拆迁。初期场地平整范围按施工总布置最终要求确定。

(二)施工总布置的依据

(1)《水利水电工程初步设计报告编制规程》(SL/T 619—2021)。

(2)可行性研究报告及审批意见、上级单位对本工程建设的要求或批件。

(3)工程所在地区有关基本建设的法规或条例、地方政府、业主对本工程建设的要求。

(4)国民经济各有关部门(铁道、交通、林业、灌溉、旅游、环境保护、城镇供水等)对本工程建设期间的有关要求及协议。

(5)当前水利水电工程建设的施工装备、管理水平和技术特点。

(6)工程所在地区和河流的自然条件(地形、地质、水文、气象特征和当地建材情况等)、施工电源、水源及水质、交通、环境保护、旅游、防洪、灌溉、航运、供水等现状和近期发展规划。

(7)当地城镇现有修配、加工能力,生活、生产物资和劳动力供应条件、居民生活、卫生习惯等。

(8)施工导流及通航等水工模型试验、各种原材料试验、混凝土配合比试验、重要结构模型试验、岩土物理力学试验等成果。

（9）工程有关工艺试验或生产性试验成果。

（10）勘测、设计各专业有关成果。

第二节　施工总平面的布置

一、施工总布置基本认知

施工组织总设计是水利水电工程设计文件的重要组成部分,是编制工程投资估算、总概算和招标投标文件的主要依据;是工程建设和施工管理的指导性文件。认真做好施工组织设计对正确选定坝址、坝型、枢纽布置、整体优化设计方案,合理组织工程施工,保证工程质量,缩短建设周期,降低工程造价都有十分重要的作用。

(一)施工组织设计的内容

1.施工条件分析

施工条件包括工程条件、自然条件、物质资源供应条件及社会经济条件等。施工条件分析需在简要阐明上述条件的基础上,着重分析它们对工程施工可能带来的影响和后果。

2.施工导流

确定导流标准,划分导流时段,明确施工分期,选择导流方案、导流方式和导流建筑物,拟订截流、拦洪、排水、通航、过水、下闸封孔、供水、蓄水、发电等措施。

3.主体工程施工

挡水、泄水、引水、发电、通航等主要建筑物,应根据各自的施工条件,对施工程序、施工方法、施工强度、施工布置、施工进度和施工设备等问题,进行分析比较和选择。必要时,对其中的关键技术问题,如特殊的基础处理、大体积混凝土温度控制、土石坝合龙、拦洪等问题,做出专门的设计和论证。

4.施工交通运输

施工交通运输包括对外交通和场内交通两部分:对外交通是联系工地与外部公路、铁路车站、水运港口之间的交通,担负施工期间外来物资的运输任务;场内交通是联系施工工地内部各工区、当地材料产地、弃料场、各生产办公生活区之间的交通。场内交通须与对外交通衔接。

5.施工工厂设施和大型临建工程

施工工厂设施,如混凝土骨料开采加工系统、土石料场和土石料加工系统、混凝土生产系统、机械修配系统、汽车修配厂、钢筋加工厂、预制构件厂、风水电通信照明系统等,均应根据施工的任务和要求,分别确定各自位置、规模、设备容量、生产工艺、工艺设备、平面布置、占地面积、建筑面积和土建安装工程量,并提出土建安装进度和分期投产的计划。

大型临建工程,如施工栈桥、过河桥梁、缆机平台等,要做出专门设计,确定其工程量和施工进度安排。

6.施工总体布置

充分掌握和综合分析水工枢纽布置,主体建筑物规模、形式、特点、施工条件和工程所在地区社会、自然条件等因素。确定并统筹规划布置为工程施工服务的各种临时设施。

妥善处理施工场地内外关系。

7.施工总进度

编制施工总进度时,应根据国民经济发展需要,采取积极有效措施满足主管部门或业主对施工总工期提出的要求。如果确认要求工期过短或过长、施工难以实现或代价过大,应以合理工期报批。

8.主要技术供应计划

根据施工总进度的安排和定额资料的分析,对主要建筑材料(如钢材、钢筋、木材、水泥、粉煤灰、油料、炸药等)和主要施工机械设备,列出总需要量和分年需要量计划。

(二)施工组织总设计编制依据

在进行施工组织总设计编制时,应依据现状、相关文件和试验成果等,具体如下:

(1)可行性研究报告及审批意见、设计任务书、上级单位对本工程建设的要求或批件。

(2)工程所在地区有关基本建设的法规或条例、地方政府对本工程建设的要求。

(3)国民经济各有关部门(铁道、交通、林业、灌溉、旅游、环保、城镇供水等)对本工程建设期间有关要求及协议。

(4)当前水利水电工程建设的施工装备、管理水平和技术特点。

(5)工程所在地区和河流的自然条件(地形、地质、水文、气象特征和当地建材情况等)、施工电源、水源及水质、交通、环保、旅游、防洪、灌溉、航运、过木、供水等现状和近期发展规划。

(6)当地城镇现有修配、加工能力,生活、生产物资和劳动力供应条件,居民生活、卫生习惯等。

(7)施工导流及通航过木等水工模型试验、各种原材料试验、混凝土配合比试验、重要结构模型试验、岩土物理力学试验等成果。

(8)工程有关工艺试验或生产性试验成果。

(9)勘测、设计各专业有关成果。

二、施工方案选择

研究主体工程施工是为了正确选择水工枢纽布置和建筑物形式,保证工程质量与施工安全,论证施工总进度的合理性和可行性,并为编制工程概算提供需求的资料。

(一)施工方案选择原则

(1)施工期短、辅助工程量及施工附加量小,施工成本低。

(2)先后作业之间、土建工程与机电安装之间、各道工序之间协调均衡,干扰较小。

(3)技术先进、可靠。

(4)施工强度和施工设备、材料、劳动力等资源需求均衡。

(二)施工设备选择及劳动力组合原则

(1)适应工地条件,符合设计和施工要求;保证工程质量;生产能力满足施工强度要求。

(2)设备性能机动、灵活、高效、能耗低、运行安全可靠。

（3）通过市场调查,应按各单项工程工作面、施工强度、施工方法进行设备配套选择,使各类设备均能充分发挥效率。

（4）通用性强,能在先后施工的工程项目中重复使用。

（5）设备购置及运行费用较低,易于获得零配件,便于维修、保养、管理、调度。

（6）在设备选择配套的基础上,应按工作面、工作班制、施工方法以混合工种结合国内平均先进水平进行劳动力优化组合设计。

（三）主体工程施工

水利工程施工涉及工种很多,其中主体工程施工包括土石方明挖、地基处理、混凝土施工、碾压式土石坝施工、地下工程施工等,下面介绍其中两项工程量较大、工期较长的主体工程施工。

1. 混凝土施工

（1）混凝土施工方案选择原则:

①混凝土生产、运输、浇筑、温控防裂等各施工环节衔接合理。

②施工机械化程度符合工程实际,保证工程质量,加快工程进度和节约工程投资。

③施工工艺先进,设备配套合理,综合生产效率高。

④能连续生产混凝土,运输过程的中转环节少、运距短,温控措施简易、可靠。

⑤初、中、后期浇筑强度协调平衡。

⑥混凝土施工与机电安装之间干扰少。

（2）混凝土浇筑程序、各期浇筑部位和高程应与供料线路、起吊设备布置和机电安装进度相协调,并符合相邻块高差及温控防裂等有关规定。各期工程形象进度应能适应截流、拦洪度汛、封孔蓄水等要求。

（3）混凝土浇筑设备选择原则:

①起吊设备能控制整个平面和高程上的浇筑部位。

②主要设备型号单一,性能良好,生产率高,配套设备能发挥主要设备的生产能力。

③在固定的工作范围内能连续工作,设备利用率高。

④浇筑间歇能承担模板、金属构件及仓面小型设备吊运等辅助工作。

⑤不压浇筑块,或不因压块而延长浇筑工期。

⑥生产能力在保证工程质量前提下能满足高峰时段浇筑强度要求。

⑦混凝土宜直接起吊入仓,若用带式输送机或自卸汽车入仓卸料,应有保证混凝土质量的可靠措施。

⑧当混凝土运距较远,可用混凝土搅拌运输车,防止混凝土出现离析或初凝,保证混凝土质量。

（4）模板选择原则如下:

①模板类型应适合结构物外形轮廓,有利于机械化操作和提高周转次数。

②有条件部位宜优先用混凝土或钢筋混凝土模板,并尽量多用钢模、少用木模。

③结构形式应力求标准化、系列化,便于制作、安装、拆卸和提升,条件适合时应优先选用滑模和悬臂式钢模。

（5）坝体分缝应结合水工要求确定。最大浇筑仓面尺寸在分析混凝土性能、浇筑设备能力、温控防裂措施和工期要求等因素后确定。

（6）用平浇法浇筑混凝土时，设备生产能力应能确保混凝土初凝前将仓面覆盖完毕；当仓面面积过大，设备生产能力不能满足时，可用台阶法浇筑。

（7）大体积混凝土施工必须进行温控防裂设计，采用有效的温控防裂措施以满足温控要求。有条件时宜用系统分析方法确定各种措施的最优组合。

（8）在多雨地区雨季施工时，应掌握分析当地历年降雨资料，包括降雨强度、频度和一次降雨延续时间，并分析雨日停工对施工进度的影响和采取防雨措施的可能性与经济性。

（9）低温季节混凝土施工必要性应根据总进度及技术经济比较论证后确定。在低温季节进行混凝土施工时，应做好保温防冻措施。

2. 土石方施工

（1）认真分析工程所在地区气象台（站）的长期观测资料。统计降水、气温、蒸发等各种气象要素不同量级出现的天数，确定对各种坝料施工影响程度。

（2）料场规划原则如下：

①物理力学性质符合工程用料要求，质地较均一。

②储量相对集中，料层厚，总储量能满足工程填筑需用量。

③有一定的备用料区，保留部分近料场作为坝体合龙和抢拦洪高程用。

④按工程不同部位合理使用各种不同的料场，减少坝料加工。

⑤料场剥离层薄，便于开采，获得率较高。

⑥采集工作面开阔、料物运距较短，附近有足够的废料堆场。

⑦不占或少占耕地、林场。

（3）料场供应原则如下：

①必须满足工程各部位施工强度要求。

②充分利用开挖渣料，做到就近取料，高料高用，低料低用，避免上下游料物交叉使用。

③垫层料、过渡层和反滤料一般宜用天然砂石料，工程附近缺乏天然砂石料或使用天然砂石料不经济时，方可采用人工料。

④减少料物堆存、倒运，必须堆存时，堆料场宜靠近工区道路，并应有防洪、排水、防料物污染、防分离和散失的措施。

⑤力求使料物及弃渣的总运输量最小。做好料场平整，防止水土流失。

（4）土料开采和加工处理措施如下：

①根据土层厚度、土料物理力学特性、施工特性和天然含水量等条件研究确定主次料场，分区开采。

②开采加工能力应能满足坝体填筑强度要求。

③若料场天然含水量偏高或偏低，应通过技术经济比较选择具体措施进行调整，增减土料含水量宜在料场进行。

④若土料物理力学特性不能满足设计和施工要求，应研究使用人工砾质土的可能性。

⑤统筹规划施工场地、出料线路和表土堆存场，必要时应做还耕规划。

(5)运输方式应根据运输量、开采、运输设备型号、运距和运费、地形条件及临建工程量等资料,通过技术经济比较后选定,并考虑以下原则:

①满足填筑强度要求。

②在运输过程中不得掺混、污染和降低料物理力学性能。

③各种土料尽量采用相同的运输方式和通用设备。

④临时设施简易,准备工程量小。

⑤运输的中转环节少。

⑥运输费用较低。

(6)施工道路布置原则如下:

①各路段标准原则满足运输强度要求,在认真分析各路段运输总量、使用期限、运输车型和当地气象条件等因素后确定。

②能兼顾地形条件,各期道路能衔接使用,运输不致中断。

③能兼顾其他施工运输,两岸交通尽可能与永久公路结合。

④在限制坡长条件下,道路最大纵坡不大于15%。

(7)上料用自卸汽车运输时,用进占法卸料,铺土厚度根据土料性质和压实设备性能通过现场试验或工程类比法确定,压实设备可根据土料性质、细颗粒含量和含水量等因素选择。

(8)土料施工尽可能安排在少雨季节,若在雨季或多雨地区施工,应选用适合的土料和施工方法,并采取可靠的防雨措施。

(9)寒冷地区当日平均气温低于 0 ℃时,黏性土按低温季节施工。当日平均气温低于 −10 ℃时,一般不宜填筑土料,否则应进行技术经济论证。

(10)坝面作业规划如下:

①土质防渗体应与其上下游反滤料及坝壳部分平起填筑。

②垫层料与部分坝壳料均宜平起填筑,当反滤料或垫层料施工滞后于堆后棱体时,应预留施工场地。

③混凝土面板及沥青混凝土面板宜安排在少雨季节施工,坝面上应有足够施工场地。

④各种坝料铺料方法及设备宜尽量一致,并重视结合部位填筑措施,力求减少施工辅助设施。

(11)土石方工程施工机械选型配套原则如下:

①提高施工机械化水平。

②各种坝料坝面作业的机械化水平应协调一致。

③各种设备数量按施工高峰时段的平均强度计算,适当留有余地。

④振动碾的碾型和碾重根据料场性质、分层厚度、压实要求等条件确定。

三、施工总进度计划编制

编制施工总进度时,应根据国民经济发展需要,采取积极有效措施满足主管部门或业主对施工总工期提出的要求。如果确认要求工期过短或过长、施工难以实现或代价过大,应以合理工期报批。

（一）施工阶段

工程建设一般划分为四个施工阶段。

1. 工程筹建期

工程正式开工前由业主单位负责为承包单位进场开工创造条件所需的时间。筹建工作有对外交通、施工用电、通信、征地、移民及招标、评标、签约等。

2. 工程准备期

准备工程开工起至河床基坑开挖（河床式）或主体工程开工（引水式）前的工期。所做的必要准备工程一般包括场地平整、场内交通、导流工程、临时建房和施工工厂等。

3. 主体工程施工

一般从河床基坑开挖或从引水道或厂房开工起，至第一台机组发电或工程开始受益为止的期限。

4. 工程完建期

自枢纽工程第一台机组投入运行或工程开始受益起，至工程竣工止的工期。

（二）施工总进度的表示形式

根据工程不同情况分别采用以下三种形式：

（1）横道图。具有简单、直观等优点。

（2）网络图。可从大量工程项目中表示控制总工期的关键路线，便于反馈、优化。

（3）斜线图。易于体现流水作业。

（三）主体工程施工进度编制

1. 基坑开挖与地基处理工程施工进度

（1）基坑开挖一般与导流工程平行施工，并在河流截流前基本完成。

（2）基坑排水一般安排在围堰水下部分防渗设施基本完成之后、河床地基开挖前进行。对土石围堰与软质地基的基坑，应控制排水下降速度。

（3）不良地质地基处理宜安排在建筑物覆盖前完成。固结灌浆时间可与混凝土浇筑交叉作业，经过论证，也可在混凝土浇筑前进行。

（4）两岸岸坡有地质缺陷的坝基，应根据地基处理方案安排施工工期，当处理部位在基坑范围以外或地下时，可考虑与主体浇筑（填筑）同时进行，在水库蓄水前按设计要求处理完毕。

（5）采用过水围堰导流方案时，应分析围堰过水期限及过水前后对工期带来的影响，在多泥沙河流上应考虑围堰过水后清淤所需工期。

（6）地基处理工程进度应根据地质条件、处理方案、工程量、施工程序、施工水平设备生产能力和总进度要求等因素研究确定。对处理复杂、技术要求高、对总工期起控制作用的深覆盖层的地基处理应做深入分析，合理安排工期。

（7）根据基坑开挖面积、岩土等级、开挖方法及按工作面分配的施工设备性能、数量等分析计算开挖强度及相应的工期。

2. 混凝土工程施工进度

（1）在安排混凝土工程施工进度时，应分析有效工作日数，大型工程经论证后若需加快浇筑进度，可分别在冬、雨、夏季采取确保施工质量的措施后施工。一般情况下，混凝土浇筑的月工作日数可按 25 d 计。对控制直线工期工程的工作日数,宜将气象因素影响的停工天数从设计日历天数中扣除。

(2)混凝土的平均升高速度与坝型、浇筑块数量、浇筑块高、浇筑设备能力及温控要求等因素有关,一般通过浇筑排块确定。

大型工程宜尽可能应用计算机模拟技术,分析坝体浇筑强度、升高速度和浇筑工期。

(3)施工期历年度汛高程与工程面貌按施工导流要求确定,如施工进度难于满足导流要求,则可相互调整,确保工程度汛安全。

(4)混凝土坝浇筑期的月不均衡系数:大型工程宜小于 2;中型工程宜小于 2.3。

3. 土石方工程施工进度

(1)土石方工程施工进度应根据导流与安全度汛要求安排。

(2)填筑强度拟定原则如下:

①满足总工期及各高峰期的工程形象要求,且各强度较为均衡。

②月高峰填筑量与填筑总量比例协调,一般可取 1:20~1:40。

③填筑强度应与料场出料能力、运输能力协调。

④水文、气象条件对各种土料的施工进度有不同程度的影响,须分析相应的有效施工工日,一般应按照有关规范要求结合本地区水文、气象条件参考附近已建工程综合分析确定。

⑤土石方工程填筑期的月不均衡系数宜小于 2.0。

4. 地下工程施工进度

地下工程施工进度受工程地质和水文地质影响较大,各单项工程施工程序互相制约,安排时应统筹兼顾开挖、支护、浇筑、灌浆、金属结构、机电安装等各个工序。

(1)地下工程一般可全年施工,具体安排施工进度时,应根据各工程项目规模、地质条件、施工方法及设备配套情况,用关键线路法确定施工程序和各洞室、各工序间的相互衔接和最优工期。

(2)地下工程月进度指标根据地质条件、施工方法、设备性能及工作面情况分析确定。

5. 金属结构及机电安装进度

(1)施工总进度中应考虑预埋件、闸门、启闭设备、引水钢管、水轮发电机组及电气设备的安装工期,妥善协调安装工程与土建工程施工的交叉衔接,并适当留有余地。

(2)对控制安装进度的土建工程(如斜井开挖、支墩浇筑、厂房吊车梁及厂房顶板、副厂房、开关站基础等)交付安装的条件与时间均应在施工进度文件中逐项研究确定。

6. 施工劳动力及主要资源供应

单位工程施工进度计划编制确定以后,根据施工图纸、工程量计算资料、施工方案、施工进度计划等有关技术资料,着手编制劳动力需要量计划,各种主要材料、构件和半成品需要量计划及各种施工机械的需要量计划。它们不仅是为了明确各种技术工人和各种技术物资的需要量,而且还是做好劳动力与物资的供应、平衡、调度、落实的依据,也是施工单位编制月、季生产作业计划的主要依据之一。它们是保证施工进度计划顺利执行的关键。

1)劳动力需要量计划

劳动力需要量计划,主要是作为安排劳动力的平衡、调配和衡量劳动力耗用指标、安排生活福利设施的依据,其编制方法是将施工进度计划表内所列各施工过程每天(或旬、月)所需工人人数按工种汇总而得。其表格形式见表3-1。

表 3-1　劳动力需要量计划表

序号	工种名称	需要人数	××月			××月			备注
			上旬	中旬	下旬	上旬	中旬	下旬	

2)主要材料需要量计划

主要材料需要量计划,是备料、供料和确定仓库、堆场面积及组织运输的依据,其编制方法是将施工进度计划表中各施工过程的工程量,按材料名称、规格、数量、需要时间计算汇总而得,其表格形式见表3-2。

表 3-2　主要材料需要量计划表

序号	材料名称	规格	需要量		需要时间						备注
			单位	数量	××月			××月			
					上旬	中旬	下旬	上旬	中旬	下旬	

对于某分部分项工程是由多种材料组成时,应按各种材料分类计算,如混凝土工程应换算成水泥、砂、石、外加剂和水的数量列入表格。

3)构件和半成品需要量计划

建筑结构构件、配件和其他加工半成品的需要量计划主要用于落实加工订货单位,并按照所需规格、数量、时间,组织加工、运输和确定仓库或堆场,可根据施工图和施工进度计划编制。其表格形式见表3-3。

表 3-3　构件和半成品需要量计划表

序号	构件、半成品名称	规格	图号、型号	需要量		使用部门	制作单位	供应日期	备注
				单位	数量				

4）施工机械需要量计划

施工机械需要量计划主要用于确定施工机械的类型、数量、进场时间，可据此落实施工机械来源，组织进场。其编制方法为将单位工程施工进度计划表中的每一个施工过程每天所需的机械类型、数量和施工日期进行汇总，即得施工机械需要量计划。其表格形式见表3-4。

表3-4 施工机械需要量计划表

序号	机械名称	型号	需要量		现场使用起止时间	机械进场或安装时间	机械退场或拆卸时间	单位供应
			单位	数量				

四、施工总体布置

施工总体布置方案应遵循因地制宜、因时制宜、有利生产、方便生活、易于管理、安全可靠、经济合理的原则，经全面系统比较论证后选定。

（一）方案比较指标

施工总体布置方案比较应有以下指标：

（1）交通道路的主要技术指标包括工程质量、造价、运输费及运输设备需用量。

（2）各方案土石方平衡计算成果，场地平整的土石方工程量和形成时间。

（3）风、水、电系统管线的主要工程量、材料和设备等。

（4）生产、生活福利设施的建筑物面积和占地面积。

（5）有关施工征地移民的各项指标。

（6）施工工厂的土建、安装工程量。

（7）站场、码头和仓库装卸设备需要量。

（8）其他临建工程量。

（二）施工总体布置及场地选择

施工总体布置应该根据施工需要分阶段逐步形成，满足各阶段施工需要，做好前后衔接，尽量避免后阶段拆迁。初期场地平整范围按施工总体布置最终要求确定。施工总体布置应着重研究：

（1）施工临时设施项目的划分、组成、规模和布置。

（2）对外交通衔接方式、站场位置、主要交通干线及跨河设施的布置情况。

（3）可资利用场地的相对位置、高程、面积和占地赔偿。

（4）供生产、生活设施布置的场地。

（5）临建工程和永久设施的结合。

（6）前后期结合和重复利用场地的可能性。

若枢纽附近场地狭窄、施工布置困难，可采取适当利用或重复利用库区场地，布置前期施工临建工程,充分利用山坡进行小台阶式布置。提高临时房屋建筑层数和适当缩小间距。利用弃渣填平河滩或冲沟作为施工场地。

(三)施工分区规划

1. 施工总体布置分区

(1)主体工程施工区。

(2)施工工厂区。

(3)当地建材开采区。

(4)仓库、站、场、厂、码头等储运系统。

(5)机电、金属结构和大型施工机械设备安装场地。

(6)工程弃料堆放区。

(7)施工管理中心及各施工工区。

(8)生活福利区。

要求各分区间交通道路布置合理、运输方便可靠、能适应整个工程施工进度和工艺流程要求,尽量避免或减少反向运输和二次倒运。

2. 施工分区规划布置原则

(1)以混凝土建筑物为主的枢纽工程,施工区布置宜以砂、石料开采、加工、混凝土拌和浇筑系统为主,以当地材料坝为主的枢纽工程,施工区布置宜以土石料采挖、加工、堆料场和上坝运输线路为主。

(2)机电设备、金属结构安装场地宜靠近主要安装地点。

(3)施工管理中心设在主体工程、施工工厂和仓库区的适中地段;各施工区应靠近各施工对象。

(4)生活福利设施应考虑风向、日照、噪声、绿化、水源水质等因素,其生产、生活设施应有明显界限。

(5)特种材料仓库(炸药、雷管库、油库等)应根据有关安全规程的要求布置。

(6)主要施工物资仓库、站场、转运站等储运系统一般布置在场内外交通衔接处。

外来物资的转运站远离工区时,应在工区按独立系统设置仓库、道路、管理及生活福利设施。

五、施工辅助企业布置

为施工服务的施工工厂设施(简称施工工厂)主要有砂石加工、混凝土生产、预冷、预热、压缩空气、供水、供电和通信、机械修配及加工系统等。其任务是制备施工所需的建筑材料,供应水、电和风,建立工地与外界通信联系,维修和保养施工设备,加工制作少量非标准件和金属结构。

(一)一般规定

(1)施工工厂的规划布置:施工工厂设施规模的确定,应研究利用当地工矿企业进行生产和技术协作及结合工程施工需要的可能性和合理性。

厂址宜靠近服务对象和用户中心,设于交通运输和水电供应方便处。生活区应该与生产区分开,协作关系密切的施工工厂宜集中布置。

（2）施工工厂的设计积极、慎重地推广和采用新技术、新工艺、新设备、新材料;提高机械化、自动化水平,逐步推广装配式结构,力求设计系列化、定型化。

（3）尽量选用通用和多功能设备,提高设备利用率,降低生产成本。

（4）需在现场设置施工工厂,其生产人员应根据工厂生产规模,按工作班制,进行定岗定员计算所需生产人员。

（二）砂石加工系统

砂石加工系统(简称砂石系统)主要由采石场和砂石厂组成。

砂石原料需用量根据混凝土和其他砂石用料计及开采加工运输损耗和弃料量确定。砂石系统规模可按砂石厂的处理能力和年开采量划分为大、中、小型,划分标准见表3-5。

表 3-5 砂石系统规模划分标准

规模类型	砂石厂处理能力		采料场
	小时/t	月/万 t	年开采/万 t
大型	>500	>15	>120
中型	120～500	4～15	30～120
小型	<120	<4	<30

根据优质、经济、就近取材的原则,选用天然、人工砂石料,或两者结合的料源:

（1）工程附近天然砂石储量丰富,质量符合要求,级配及开采、运输条件较好时,应优先作为比较料源。

（2）在主体工程附近无足够合格天然砂石料时,应研究就近开采加工人工骨料的可能性和合理性。

（3）尽量不占或少占耕地。

（4）开挖渣料数量较多,且质量符合要求,应尽量利用。

（5）当料物较多或情况较复杂时,宜采用系统分析法优选料源。

对选定的主要料场开挖渣料应做开采规划。料场开采规划原则如下:

（1）尽可能机械化集中开采,合理选择采、挖、运设备。

（2）若料场比较分散,上游料场用于浇筑前期,近距离料场宜作为生产高峰用。

（3）力求天然级配与混凝土需用级配接近,并能连续均衡开采。

（4）受洪水或冰冻影响的料场应要有备料、防洪或冬季开采等措施。

砂石厂厂址选择原则如下:

（1）设在料场附近;多料场供应时,设在主料场附近;砂石利用率高、运距近、场地许可时,亦可设在混凝土工厂附近。

（2）砂石厂人工骨料加工的粗碎车间宜设在离采场1～2 km范围内,且尽可能靠近混凝土系统,以便共用成品堆料场。

（3）主要设施的地基稳定,有足够的承受能力。

成品堆料场容量尚应满足砂石自然脱水要求。当堆料场总容量较大时,宜多堆毛料或半成品;毛料或半成品可采用较大的堆料高度。成品骨料堆存和运输应符合下列要求:

(1)有良好的排水系统。

(2)必须设置隔墙,避免各级骨料混杂,隔墙高度可按骨料动摩擦角34°~37°加0.5 m超高确定。

(3)尽量减少转运次数,粒度大于40 mm的骨料抛料落差大于3 m时,应设缓降设备。碎石与砾石、人工砂与天然砂混合使用时,碎砾石混合比例波动范围应小于10%,人工、天然砂料的波动范围应小于15‰。

大中型砂石系统堆料场一般宜采用地弄取料,设计时应注意以下事项:

(1)地弄进口高出堆料地面。

(2)地弄底板一般宜设大于5%的纵坡。

(3)各种成品骨料取料口不宜小于3个。

(4)不宜采用事故停电时不能自动关闭的弧门。

(5)较长的独头地弄应设有安全出口。

石料加工以湿法除尘为主,工艺设计应注意减少生产环节,降低转运落差,密闭尘源。应采取措施降低或减少噪声影响。

(三)混凝土生产系统

混凝土生产必须满足质量、品种、出机口温度和浇筑强度的要求,小时生产能力可按月高峰强度计算,月有效生产时间可按500 h计,不均匀系数按1.5考虑,并按充分发挥浇筑设备的能力进行校核。

拌和加冰和掺合料及生产干硬性或低坍落度混凝土时,均应核算拌和楼的生产能力。

混凝土生产系统(简称混凝土系统)规模按生产能力分大、中、小型,划分标准见表3-6。

表3-6　混凝土系统规模划分标准

规模定型	小时生产能力/m³	月生产能力/10³ m³
大型	>200	>6
中型	50~200	1.5~6
小型	<50	<1.5

独立大型混凝土系统拌和楼总数以1~2座以下为宜,一般不超过3座,且规格、型号应尽可能相同。

混凝土系统布置原则如下:

(1)拌和楼尽可能靠近浇筑地点,并应满足爆破安全距离要求。

(2)妥善利用地形减少工程量,主要建筑物应设在稳定、坚实、承载能力满足要求的地基上。

(3)统筹兼顾前、后期施工需要,避免中途搬迁,不受永久性建筑物干扰;高层建筑物应与输电设备保持足够的安全距离。

混凝土系统尽可能集中布置,下列情况可考虑分散设厂:

(1)水工建筑物分散或高低悬殊、浇筑强度过大,集中布置使混凝土运距过远、供应有困难。

(2)两岸混凝土运输线不能沟通。

(3)砂石料场分散,集中布置骨料运输不便或不经济。

混凝土系统内部布置原则如下:

(1)利用地形高差。

(2)各个建筑物布置紧凑,制冷、供热、水泥、粉煤灰等设施均宜靠近拌和楼。

(3)原材料进料方向与混凝土出料方向错开。

(4)系统分期建成投产或先后拆迁,能满足不同施工期混凝土浇筑要求。

拌和楼出料线布置原则如下:

(1)出料能力能满足多品种、多强度等级混凝土的发运,保证拌和楼不间断地生产。

(2)出料线路平直、畅通。如采用尽头线布置,应核算其发料能力。

(3)每座拌和楼有独立发料线,使车辆进出互不干扰。

(4)出料线高程应和运输线路相适应。

轮换上料时,骨料供料点至拌和楼的输送距离宜在300 m以内。当输送距离过长,一条带式输送机向2座拌和楼供料或采用风冷、水冷骨料时,均应核算储仓容量和供料能力。

混凝土系统成品堆料场总储量一般不超过混凝土浇筑月高峰日平均3~5 d的需用量特别困难时,可减少到1 d的需用量。

砂石与混凝土系统相距较近并选用带式输送机运输时,成品堆料场可以共用,或混凝土系统仅设活容积为1~2班用料量的调节料仓。

水泥应力求固定厂家计划供应,品种在2~3种以内为宜。应积极创造条件,多用散装水泥。

仓库储水泥量应根据混凝土系统的生产规模、水泥供应及运输条件、施工特点及仓库布置条件等综合分析确定,既要保证混凝土连续生产,又要避免储存过多、过久,影响水泥质量,水泥和粉煤灰在工地的储备量一般按可供工程使用日数而定。

材料由陆路运输需要4~7 d。材料由水路运输需要5~15 d。当中转仓库距工地较远时,可增加2~3 d。

袋装水泥仓库容量以满足初期临建工程需要为原则。仓库宜设在干燥地点,有良好的排水及通风设施。水泥量大时,宜用机械化装卸、拆包和运输。

运输散装水泥优先选用自卸载车辆;站台卸载能力、输送管道气压与输送高度应与所用的车辆技术特性相适应;受料仓和站台长度按同时卸载车辆的长度确定;尽可能从卸载点直接送至水泥仓库,避免中转站转送。

(四)混凝土预冷、预热系统

(1)混凝土的拌和出机口温度较高、不能满足温控要求时,拌和料应进行预冷。

拌和料预冷方式可采用骨料堆场降温、加冷水、粗骨料预冷等单项或多项综合措施。加冷水或加冰拌和不能满足出机温度时,结合风冷或冷水喷淋冷却粗骨料,水冷骨料须用冷风保温。骨料进一步冷却,需风冷、淋冷水并用。粗骨料预冷可用水淋法、风冷法、水浸法、真空汽化法等措施。直接水冷法应有脱水措施,使骨料含水量保持稳定;风冷法在骨料进入冷却仓前宜冲洗脱水,5~20 mm 骨料的表面水含量不得超过 1%。

（2）低温季节混凝土施工,需有预热设施。

优先用热水拌和以提高混凝土拌和料温度,若尚不能满足浇筑温度要求,再进行骨料预热,水泥不得直接加热。

混凝土材料加热温度应根据室外气温和浇筑温度通过热平衡计算确定,拌和水温一般不宜超过 60 ℃。骨料预热设施根据工地气温情况选择,当地最低月平均气温在-10 ℃以上时,可在露天料场预热;在-10 ℃以下时,宜在隔热料仓内预热;预热骨料宜用蒸汽排管间接加热法。

供热容量除满足低温季节混凝土浇筑高峰时期加热骨料及拌和水外,尚应满足料仓、骨料输送廊道、地弄、拌和楼、暖棚等设施预热时耗热量。

供热设施宜集中布置,尽量缩短供热管道减少热耗,并应满足防火、防冻要求。

混凝土组成材料在冷却、加热生产、运输过程中,必须采取有效的隔热、降温或采暖措施,预冷、预热系统均需围护隔热材料。

有预热要求的混凝土在日平均气温低于-5 ℃时,对输送骨料的带式输送机廊道、地弄、装卸料仓等均需采暖,骨料卸料口要采取措施防止冻结。

（五）压缩空气、供水、供电通信系统

（1）压气系统主要供石方开挖、混凝土施工、水泥输送、灌浆、机电及金属结构安装所需压缩空气。

根据用气对象的分布、负荷特点、管网压力损失和管网设置的经济性等综合分析确定集中或分散供气方式,大型风动凿岩机及长隧洞开挖应尽可能采用随机移动式空压机供气,以减少管网和能耗。

压气站位置应尽量靠近耗气负荷中心、接近供电和供水点,处于空气洁净、通风良好、交通方便、远离需要安静和防振的场所。

同一压气站内的机型不宜超过 2 种规格,空压机一般为 2~3 台,备用 1 台。

（2）施工供水量应满足不同时期日高峰生产用水和生活用水需要,并按消防用水量进行校核。

水源选择原则如下:

①水量充沛可靠,靠近用户。

②满足水质要求,或经过适当处理后能满足要求。

③符合卫生标准的自流或地下水应优先作为生活饮用水源。

④冷却水或其他施工废水应根据环保要求与经济论证确定回收净化作为施工循环用水水源。

⑤水量有限而与其他部门共用水源,应签订协议,防止用水矛盾。

水泵型号及数量根据设计供水量的变化、水压要求、调节水池的大小、水泵效率、设备来源等因素确定。同一泵站的水泵型号尽可能统一。

泵站内应设备用水泵,当供水保证率要求不高时,可根据具体情况少设或不设。

（3）供电系统应保证生产、生活高峰负荷需要。电源选择应结合工程所在地区能源供应和工程具体条件,经过技术经济比较确定。一般优先考虑电网供电,并尽可能提前架设电站永久性输电线路;施工准备期间,若无其他电源,可建临时发电厂供电,电网供电后,电厂作为备用电源。

各施工阶段用电最高负荷按需要系数法计算;当资料缺乏时,用电高峰负荷可按全工程用电设备总容量的25%~40%估算。

对工地因停电可能造成人身伤亡或设备事故、引起国家财产严重损失的一类负荷必须保证连续供电,设2个以上电源;若单电源供电,须另设发电厂作备用电源。

自备电源容量确定原则如下:

①用电负荷由自备电源供给时,其容量应能满足施工用电最高负荷要求。

②作为系统补充电源时,其容量为施工用电最高负荷与系统供电容量的差值。

③事故备用电源,其容量必须满足系统供电中断时工地一类负荷用电要求。

④自备电源除满足施工供电负荷和大型电动机启动电压要求外,尚应考虑适当的备用容量或备用机组。

供电系统中的输、配电电压等级采用电压等级,根据输送半径及容量确定。

(4)施工通信系统应符合迅速、准确、安全、方便的要求。

通信系统组成与规模应根据工程规模大小、机械程度高低、施工设施布置及用户分布情况确定。一般以有线通信为主,机械化程度较高的大型工程,需增设无线通信系统。有线调度电话总机和施工管理通信的交换机容量可按用户数加20%~30%的备用量确定,当资料缺乏时,可按每100人5~10门确定。

水情预报、远距离通信及调度施工现场流动人员,设备可采用无线电通信。其工作频率应避免与该地区无线电设备干扰。

供电部门的通信主要采用电力载波。载波机型号和工作频率应按《电力系统通信规划》选择。当变电站距供电部门较近且架设通信线经济时,可架设通信线。

与工地外部通信一般应通过邮电部门挂长途电话方式解决,其中继线数量一般可按每百门设双向中继线2~3对;有条件时,可采用电力载波、电缆载波、微波中继、卫星通信或租用邮电系统的通道等方式通信,并与电力调度通信及对外永久通信的通道并作。

(六)机械修配、加工厂

(1)机械修配厂(站)主要进行设备维修和更换零部件。尽量减少在工地的设备加工、修理工作量,使机械修配厂向小型化、轻装化发展。应接近施工现场,便于施工机械和原材料运输,附近有足够场地存放设备、材料,并靠近汽车修配厂。

机械修配厂各车间的设备数量应按承担的年工作量(总工时或实物工作量)和设备年工作时数(或生产率)计算,最大规模设备应与生产规模相适应。尽可能采用通用设备,以提高设备利用率。

汽车大修尽可能不在工地进行,当汽车数量较多且使用期多超过大修周期、工地又远离城市或基地,方可在工地设置汽车修理厂,大型或利用率较低的加工设备尽可能与修配厂合用。当汽车大修量较小时,汽车修理厂可与机械修配厂合并。

压力钢管加工制作地点主要根据钢管直径、管壁厚度、加工运输条件等因素确定。大型钢管一般宜在工地制作;直径较小且管壁较厚的钢管可在专业工厂内加工成节或瓦状。运至工地组装。

（2）木材加工厂承担工程锯材、制作细木构件、木模板和房屋建筑构件等加工任务，根据工程所需原木总量、木材来源及其运输方式，锯材、构件、木模板的需要量和供应计划、场内运输条件等确定加工厂的规模。

当工程布置比较集中时，木材加工厂宜和钢筋加工、混凝土构件预制共同组成综合加工厂，厂址应设在公路附近装、卸料方便处，并应远离火源和生活办公区。

（3）钢筋加工厂承担主体及临时工程和混凝土预制厂所用钢筋的冷处理、加工及预制钢筋骨架等任务。规模一般按高峰月日平均需用量确定。

（4）混凝土构件预制厂供应临建和永久工程所需的混凝土预制构件，混凝土构件预制厂规模根据构件的种类、规格、数量、最大质量、供应计划、原材料来源及供应运输方式等计算确定。

当预制件量小于 3 000 m^3/a 时，一般只设简易预制场。预制构件应优先采用自然保护，大批量生产或寒冷地区低温季节才采取蒸汽保护。

当混凝土预制与钢筋加工、木材加工组成综合加工厂时，可不设钢筋、木模加工车间；当由附近混凝土系统供应混凝土时，可不设或少设拌和设备。木材、钢筋、混凝土预制厂在南方以工棚为主，少雨地区尚可露天作业。

第四章　提高水闸工程技术的主要措施

建闸所用的材料,根据建筑物结构性质的不同,即可分为水工混凝土工程的原材料和砌石工程的原材料及土方工程的土料等,本章介绍各种原材料的工程性质及各项技术要求。

第一节　建闸材料的技术要求

一、建闸所用施工材料的质量总体要求和内容

建闸施工所用的材料包括原材料、半成品、成品等。凡是构成工程实体主要物质的质量的优劣直接影响到工程质量。没有符合质量要求的材料,工程质量就不可能达到标准要求。由于建闸的品种多、数量大、费用高,因此做好工程材料的质量控制对提高工程的质量具有重大意义。

(一)材料质量控制的意义

(1)保证工程的质量。工程材料是构成工程的实体,直接影响工程的质量。材料质量不符合合同和规范及设计的要求,工程质量就不可能符合标准,就无法达到设计标准。所以,在施工中只有通过对各种所用的原材料质量控制,才能确保工程的顺利进行,才能满足设计的要求,才能对工程的质量起到保障的作用。

(2)保证工程如期竣工。加强对材料的质量要求,实行"预防为主"的方针,确保材料的质量,则可避免因材料不合格而引起的返工浪费、延误工期。

(3)降低工程的成本。对施工过程中使用的原材料进行严格的把关,可以避免由于使用不符合规定要求的低劣材料而造成质量事故,从而减少经济损失,降低工程的施工成本,确保承包商的经济效益。

(4)确保工程的顺利施工。工程材料的质量控制好,不仅避免了由于材料问题而造成质量事故或缺陷,而且可避免由此而引起的一些不必要的纠纷,从而保证工程的顺利施工。

(二)材料质量控制的内容

材料质量控制的主要内容有:材料的质量标准,材料的性能,材料的取样,试验方法,以及材料的使用范围和施工要求,材料质量证明文件的完整性,材料的质量检验制度等。

1.材料的质量标准要求

材料质量的标准是用以衡量材料质量的尺度。不同的材料有不同的质量标准。如水泥的质量标准,应根据各种水泥的品种不同,采用相应的国家标准,如《通用硅酸盐水泥》(GB 175—2007)。就水泥的细度、标准稠度、用水量、凝结时间、体积安定性及强度方面做出明确的规定,并通过使用水泥的检验说明来看是否符合其各自的水泥标准。

2.材料的质量必须经过的各种检验

(1)材料质量检验的目的。通过一系列的检测手段,将所需要的施工材料质量数据与材料的质量标准相比较来确定材料质量的可靠性,来确定能否适用于工程中。

(2)质量标准的原则。是及时检验的原则,施工单位将要所用的材料的品质证明文件、样品、试验结果即时申请递交监理单位后,监理工程师应根据施工单位申报的计划,立即采取可靠的检验手段,在现场附近按规范规定取样,对所申报的工程材料进行检验。

(3)检验的方法。一般有书面检验、外观检验、理化检验、无损检验等。

①书面检验。由监理工程师对施工单位所提供的材料质量三检的资料、试验报告等进行审核,并取得同意后方可使用。

②外观检验。由监理工程师对施工单位所提供的材料样品,从品种规格标志、外形尺寸等进行直观检查,对钢筋的规格、型号、标牌等外部尺寸的检验。

③理化检验。利用现场试验设备及另请有一定资质的试验单位对所在现场取得的材料样品的物理成分、化学成分、机械性能等进行科学的试验与鉴定,如对钢材的机械性能、化学成分进行分析。

④无损检验。在不破坏原材料的情况下,利用超声波或 X 射线表面探伤等仪器进行检测,如用回弹仪测定混凝土强度。

总之,工程材料的检验方法应根据工程项目的具体情况和来源进行选择,通常是将上述几种方法结合起来,根据试验要求和项目具体情况来分别采用。

(4)材料检验的具体过程。一般分免检、抽检、全面检验几部分。

①免检。免掉质量检验过程。对有足够质量保证的一般材料,实践证明材料在长期使用中性质稳定,但其质量保证资料齐全,这种情况对该材料可免检。

②抽检。用随机抽样的方法对材料进行抽样检验。这也是监理工程师常用的一种方法。抽检常用于下列情况:对施工单位提供的三检资料,尤其对试验和检测资料有怀疑时,或现场使用的材料标牌不清,外观检验有质量问题时,由工程材料的重要性程度决定应进行一定比例的抽检,以加强材料质量的可靠性。

③全面检验。对于进口的材料、设备和重要工程部位所用的材料,以及对安全可靠性要求特别高的材料和新产品、新品种的材料,均应进行全面检验,以确保材料的质量。

(5)工程材料质量检验的项目和各项目的检验数量要求。

材料质量检验项目可分为一般检验项目和其他检验项目两类。现将常用的几种材料的检验项目列于表4-1中。

材料质量检验的取样要求如下:

材料质量检验的取样必须有代表性,故必须采取正确的取样方法按规定的部位、数量及操作要求进行取样。

水泥:同一生产厂家生产、同期出厂的同一品种和同强度等级的水泥,以一次进场的水泥为一批,且一批的总量不超过400 t,从中选取平均试样20 kg,从20袋水泥或20处散装水泥中各取1 kg。

冷拉钢筋:按同一品种、尺寸分批进行检验,直径小于或等于12 mm的,每批质量大于10 t;直径大于或等于14 mm的,每批质量大于20 t。在每批中随机抽样的3根钢筋中各取一拉力试样和冷弯试样。

表 4-1　材料检验项目

序号	材料名称	一般检验项目	其他检验项目
1	水泥	强度等级	安定性、凝结时间
2	钢筋	屈服强度、延伸、冷弯	冲击韧性、化学成分、硬度、疲劳强度
3	结构用型钢	屈服强度、延伸、冷弯	冲击韧性、化学成分
4	焊条	极限强度、延伸率、冲击韧性	化学成分
5	砖	强度等级	外观规格、吸水量
6	砂	级配、含泥量	
7	石子	级配、含泥量	
8	沥青	针入度、软化点、耐热度、韧性	
9	木材	含水量	顺纹抗压、抗拉、抗弯、抗剪等强度

砂石：以产地规格相同的 200 m^3 为一批，不足 200 m^3 者亦为一批，在料堆上取样时，应在其顶部、中部和底部均匀分布的不同部位用 4 分法取数量大致相同的 8 份砂或 15 份石子，试验用量按缩分取样。

砌筑砂浆：按每一楼层或 250 m^3 砌体取样，每一强度等级的砂浆做一组试样做强度试验。

对于材料的检验取样，应按合同规定的要求，同时监理工程师可按随机抽样法、二次抽样法、分层抽样法等取样来校验。

一次抽样检验的概念：根据一次对 n 个样品的检验结果来判断该批产品是否合格，如图 4-1 所示。其中：N 为一批产品数量（批量）；n 为从批量中随机抽取的样本数；d 为抽出样本中不合格品数；c 为抽样中允许不合格品数（或称合格判定数）。若 $d \leqslant c$，则认为该批产品为合格，可以接收；若 $d > c$，则说明该批产品不合格，不能用于工程中。

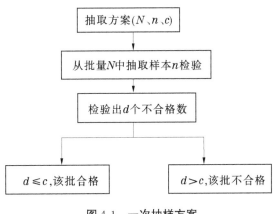

图 4-1　一次抽样方案

(三)建闸材料的质量检验制度

建闸工程材料的质量检验是工程施工过程中质量控制的重要组成部分,应根据建闸工程的特点,制定出工程材料的质量检验制度,使监理单位和施工单位在施工过程中能达到有效控制材料质量的目的,从而确保工程的安全。

工程材料质量检验制度的主要内容包括以下五个方面:

(1)工程施工中所用的主要材料,如水泥、钢材、木材、石灰、焊条、沥青、砖等,在进入施工现场时,必须在使用前向监理工程师报送出厂合格证明或自检的检验单,必须经监理工程师审查,检验认可后方可使用。

(2)对混凝土、砂浆、防水材料等,所使用的原材料应经监理确认批准后,然后由施工单位进行配合比设计和多方案比较试验,测试拌和物的各种数据,再由监理工程师审核认可。

(3)对混凝土预应力构件及钢筋混凝土构件,在生产前,工厂应将样品送监理工程师确认,然后才能分批生产。在各类构件的生产过程中,应有驻厂监理进行日常监造。在构件进入工地使用时,工厂应随构件提供每日试件的抗压强度。有抗冻、抗渗要求的构件,均应提供其试验报告,以备审查。对预制厂加工的成品、半成品,应由生产厂家提供出厂合格证明,必要时监理工程师可做抽样检查。

(4)对进口材料,应按合同核对凭证和进行校验,如发现问题应通过有关途径要求赔偿。

(5)对新材料、新结构要经过技术鉴定合格且经监理工程师审核批准后,才能在工程中使用。

二、混凝土原材料选择的原则

(一)水泥

(1)水泥品种的质量应符合现行的国家标准及有关部门颁布的标准规定。

(2)大型水闸工程建筑物所用的水泥,可根据具体情况对水泥的矿物成分等提出专门要求。对中小型水闸建筑物工程,每一种工程所用水泥的品种以两三种为宜,最好固定一个厂家供应。有条件时,应优先使用散装水泥。

(3)选择水泥品种的原则如下:

①在水位变化区的外部混凝土,建筑物的溢流面和经常受水流冲刷的部位,且有抗冻要求的混凝土,应优先使用硅酸盐水泥和普通硅酸盐水泥及复合硅酸盐水泥。

②环境水对混凝土有硫酸盐浸蚀性时,应选用抗硫酸盐水泥。

③大体积建筑物的混凝土、位于水下的混凝土和基础混凝土,宜选用矿渣硅酸盐水泥及粉煤灰硅酸盐水泥和火山灰质硅酸盐水泥。

(4)选用水泥强度等级的原则如下:

①所选用的水泥强度等级应与混凝土设计强度等级相适应。对于低强度等级的混凝土,当其强度等级与水泥强度等级不相适应时,应在现场掺入适量的活性混合材料。所掺入量应经试验后确定。

②建筑物外部水位变化区,溢流面和经常受水流冲刷部位的混凝土,以及受冰冻作用

的混凝土,其水泥强度等级不宜低于42.5级。

③运到工地的水泥,应有出厂的品质试验报告单。到工地后,实验室必须按规定,即每200~400 t同品种、同强度等级的水泥为一取样单位,如不足200 t也可作为一取样单位。可采用机械连续取样,亦可从一批水泥中选取平均试样20 kg,从20袋水泥中或20处数量中至少各取1 kg,进行复验,必要时还要进行化学分析。

(5)水泥品质的检验,应按现行的国家标准进行。

(6)水泥的运输、保管及使用,应符合下列要求:

①水泥应按品种、强度等级,分别运输和堆放,不得混杂。

②运输过程和堆放时应防止水泥受潮。

③大中型水闸工程应专设水泥仓库和工地设散装的水泥储罐。水泥仓库应设置在干燥地点,并应有排水、通风措施。

④堆放袋装水泥时,应设防潮层,按强度等级、厂家出厂日期分别堆放,且留出运输通道。

⑤散装水泥应及时倒罐,一般可一个月倒罐一次。

⑥先运到工地的水泥应先用,袋装水泥储运时间超过3个月,散装水泥超过6个月,使用前应重新检验。

⑦注意环境保护,避免水泥的散失浪费。

(7)对建闸中、低热水泥的技术要求。

①水泥熟料中的铝酸三钙含量,中热水泥应不超过6%,低热水泥应不超过8%,中热水泥熟料中的铝酸三钙含量不超过55%;水泥熟料中的氧化镁含量应在3.5%~5.0%,如水泥经压蒸合格,可放宽至6%。低热水泥熟料中游离氧化钙含量不超过1.2%,中热水泥熟料中游离氧化钙含量不超过1%。低热水泥中碱含量(以Na_2O当量计)不超过0.5%,中热水泥中碱含量不应超过0.6%。水泥中的SO_3含量不应超过3.5%。

②细度的要求:0.080 mm方孔筛筛余不超过12%,水泥的细度小,早期发热快,不利于温度控制;若有温控要求,其细度宜控制在3%~6%以内。

③凝结时间:初凝不早于60 min,终凝不迟于12 h。

④水泥的安定性必须合格。

(8)对水泥的强度要求:中热52.5级水泥抗压强度3 d为20.6 MPa、7 d为31.4 MPa、28 d为52.5 MPa,抗折强度3 d为4.1 MPa、7 d为5.2 MPa、28 d为7.1 MPa;低热42.5级水泥抗压强度7 d为18.6 MPa、28 d为42.5 MPa,抗折强度7 d为4.1 MPa、28 d为6.3 MPa。

(9)对水泥水化热的要求:52.5级水泥3 d水化热不超过251 kJ/kg,7 d水化热不超过293 kJ/kg;中热42.5级水泥3 d水化热不超过197 kJ/kg,7 d水化热不超过230 kJ/kg。

(二)骨料

混凝土所用的骨料分粗骨料和细骨料两种,其质量技术要求如下:骨料应根据优质条件、就地取材的原则选择,可选择用天然骨料、人工骨料或者两种互相补充。有条件的地方宜采用石灰岩质的人工骨料。

骨料选择的基本原则如下：

(1)骨料应按照《水利水电工程天然建筑材料勘察规程》(SL 251—2015)中的有关规定进行。

(2)冲洗、筛分骨料时，应控制好筛分进料量和冲洗水压的进水量、筛网的孔径与倾角等，以保证各级骨料的成品质量符合要求，尽量减少细砂的流失。

人工砂生产中应保持进料粒径、进料量及料浆浓度的相对稳定性，以便控制人工砂的细度模量及石粉含量。

(3)骨料的料源：在开采前应进行详细的补充勘察，同时应根据技术经济比较，拟订使用平衡计划，避免产生过多的弃料。

(4)骨料的堆放和运输应符合下列要求：

①堆放骨料的场地，应有良好的排水设施。

②不同粒径的骨料必须分别堆存，分别设置隔离墙，严禁相互混杂。

③粒径大于 40 mm 的骨料的净自由落差不宜大于 3 m，超过时应设置缓降设备。

④骨料堆放时不宜堆成斜坡或锥体，以防产生分离。

⑤骨料储仓应有足够的数量和容积，并应保持一定的堆料厚度。砂仓容积还应满足砂料脱水的要求。

⑥应避免泥土混入料堆中，杂物应随时清除。

(5)砂料的质量技术要求如下：

①砂料应质地坚硬、清洁、级配良好，使用山砂和特细砂，应经过试验论证。

②砂的细度模数宜在 2.4~2.8 内。天然砂料宜按粒径分成两级，人工砂可不分。

③砂料中有活性骨料时，必须进行专门试验论证。

④其他质量技术要求应符合表 4-2 中的规定。

表 4-2　细骨料(砂)的质量技术要求

项目	指标	备注
天然砂中含泥量/% 其中黏土含量/%	<3 <1	a. 含泥量是指粒径小于 0.08 mm 的细屑淤泥和黏土的总量 b. 不应含有黏土团粒
人工砂中的石粉含量/%	6~12	指小于 0.15 mm 的颗粒
坚固性/%	<10	指硫酸钠溶液 5 次循环后的质量损失
云母含量/%	<2	
容重/(t/m³)	>2.5	视容重小于 2.0 g/m³
轻物质含量/%	<1	
硫化物及硫酸盐含量 (折算成 SO_3 按质量计)/%	<1	
有机质含量	浅于标准色	如深于标准色，应配成砂浆进行强度对比试验

(6)粗骨料的质量技术要求如下：

①粗骨料的最大粒径不应超过钢筋净间距的 2/3 及构件断面最小边长的 1/4、素混凝土板厚的 1/2,对少筋或无筋结构,应选用较大的粗骨料粒径。

②在施工中,宜将粗骨料按粒径分成下列几个粒径级:

a. 当最大粒径为 40 mm 时,分成 5~20 mm 和 20~40 mm 两级;

b. 当最大粒径为 80 mm 时,分成 5~20 mm、20~40 mm 和 40~80 mm 三级;

c. 当最大粒径为 150 mm(或 120 mm)时,分成 5~20 mm、20~40 mm、40~80 mm 或 80~150 mm(或 120 mm)四级。

③应严格控制各级骨料的超逊径含量。以原筛孔检验,其控制标准:超径<5%,逊径<10%。当以超逊径检验时,其控制标准:超径为 0,逊径<2%。

④采用连续级配或间断级配应由试验确定。如采用间断级配,应注意混凝土运输中骨料的分离。

⑤粗骨料中含有活性骨料及黄锈等,必须进行专门的试验论证。

⑥粗骨料力学性能的要求和检验,应按《普通混凝土用砂、石质量及检验方法标准》(JGJ 52—2006)中的有关规定进行。

⑦其他的质量技术要求应符合表 4-3 中的规定。

表 4-3　粗骨料的质量技术要求

项目	指标	备注
含泥量/%	D_{20}、D_{40} 粒径级<1 D_{80}、D_{150}(或 D_{120})粒径级<0.5	各粒径级均不应含有黏土团块
坚固性/%	<5 <12	有抗冻要求的混凝土 无抗冻要求的混凝土
硫酸盐及硫化物含量 (折算成 SO_3 按质量计)/%	<0.5	
有机质含量	浅于标准色	如深于标准色应进行混凝土强度对比试验
容重/(t/m³)	>2.55	
吸水率/%	<2.5	
针片状颗粒含量/%	<15	碎石经试验论证可以放宽至 25%

(三)水

(1)凡适用于饮用的水,均可用以拌制和养护混凝土,但未经处理的工业用后的污水和沼泽水,不得用于拌制和养护混凝土,天然的矿化水,如果其化学成分在表 4-4 的规定内,可以用来拌制和养护混凝土。

表 4-4　拌制和养护混凝土的天然矿化水的化学成分

水的化学成分	单位	混凝土和水下的钢筋混凝土	水位变化区和水上的钢筋混凝土
总含盐量不超过	mg/L	35 000	5 000
硫酸根离子含量不超过	mg/L	2 700	2 700
氯离子含量不超过	mg/L	300	300
pH 值不小于	—	4	4

注：1. 本表适用于各种大坝水泥、硅酸盐水泥、普通硅酸盐水泥、矿渣硅酸盐水泥、火山灰质硅酸盐水泥和粉煤灰硅酸盐水泥拌制的混凝土。

2. 采用抗硫酸盐水泥时，水中硫酸根离子含量允许加大到 10 000 mg/L。

（2）对拌制和养护混凝土的水质有怀疑时，应进行砂浆强度试验。如用该水制成的砂浆抗压强度低于饮用水制成的砂浆 28 d 龄期的抗压强度的 90%，则这种水不宜用以拌制和养护混凝土。

（四）活性混合材料

（1）为改善混凝土的性能，合理降低水泥用量，宜在混凝土中掺入适量的活性混合材料，掺用部位及最优掺量通过试验确定。

（2）对非成品原状粉煤灰的品质指标要求如下：

①烧失量不得超过 12%。

②干灰的含水量不得超过 1%。

③三氧化硫（水泥和粉煤灰总量中）含量不得超过 3.5%。

④0.08 mm 方孔筛筛余量不得超过 12%。

（3）成品粉煤灰的品质指标应按国家标准执行。

（五）外加剂

为改善混凝土的性能，提高混凝土的质量及合理降低水泥用量，必须在混凝土中掺加适量的外加剂，其掺量通过试验确定。常用的外加剂有减水剂、加气剂、缓凝剂、速凝剂和早强剂等。应根据施工需要，对混凝土性能的要求及建筑物所处的环境条件，选择适当的外加剂。

使用外加剂应注意以下事项：

（1）有抗冻要求的混凝土必须掺用加气剂，并严格限制水灰比。

（2）混凝土的含气量宜采用下列数值：

①当骨料最大粒径为 20 mm 时，含气量为 6%；

②当骨料最大粒径为 40 mm 时，含气量为 5%；

③当骨料最大粒径为 80 mm 时，含气量为 4%；

④当骨料最大粒径为 150 mm 时，含气量为 3%。

（3）如需早强混凝土，宜在混凝土中掺加早强剂，以提高混凝土的早期强度。但工业用氯化钙只适用于素混凝土中，其掺量（以无水氯化钙占水泥质量的百分数计）不得超过 3%，在砂浆中的掺量不得超过 5%。为了避免氯化钙腐蚀钢筋，在钢筋混凝土中应掺加非氯盐早强剂。

（4）使用早强剂后，应尽量缩短混凝土的运输和浇筑时间，并应特别注意洒水养护，保持混凝土表面湿润。

（5）使用外加剂时应注意的事项：

①外加剂必须与水混合配成一定浓度的溶液，各种成分用量应准确。对含有大量固体的外加剂（如含石灰的减水剂），其溶液应通过 0.6 mm 孔眼的筛子过滤。

②外加剂溶液必须搅拌均匀，并定期取有代表性的样品进行混凝土鉴定。

③当外加剂储存时间过长，对其质量有怀疑时，必须进行试验鉴定，严禁使用变质的外加剂。

（六）钢材的原材料使用要求

建水闸的钢筋一般规定如下：

（1）钢筋混凝土中所使用的钢筋和预应力混凝土中非预应力钢筋必须符合《钢筋混凝土用钢 第 1 部分 热轧光圆钢筋》（GB/T 1499.1—2017）、《钢筋混凝土用钢 第 2 部分 热轧带肋钢筋》（GB/T 1499.2—2017）及《冷轧带肋钢筋》（GB/T 13788—2017）、《低碳钢热轧圆盘条》（GB/T 701—2008）等的规定。环氧树脂涂层钢筋的标准可按照《环氧树脂涂层钢筋》（JG/T 502—2016）执行。

（2）钢筋必须按不同钢种、等级、牌号及生产厂家分批验收分别堆放，不得混杂，且应设立识别标志。钢筋在运输过程中应避免锈蚀和污染。钢筋宜堆置在仓库（棚）内，露天堆置时应垫高并遮盖。

（3）钢筋应具有出厂质量证明和试验报告单，对建闸所用的钢筋应抽取试样做力学性能试验。

（4）以另一种强度、牌号或直径的钢筋代替设计中所规定的钢筋时，应了解设计意图和代用材料性能，并须符合现行的规范要求。重要的结构在代用钢筋时，应由设计单位变更后才可使用。

（5）预制构件的吊环应采用未经冷拉的 1 级热轧钢筋制作。

三、砌石材料的选择原则和技术要求

石料是砌石工程所用的主要材料，其质量优劣将直接影响砌石工程的施工质量，特别是砌石工程的安全性和稳定性。所以，对砌石所用的石材，必须要符合下列要求。

（一）对石料质量的要求

（1）用于砌石工程的石料，其石质应新鲜、坚硬、密实、无裂纹、不含易风化的矿物颗粒，遇水不易泥化和崩解，其抗水性、抗压强度、几何尺寸、含水饱和极限抗压强度等均应符合实际要求，软化系数宜在 0.75 以上。

（2）粗石料：一般为矩形，应棱角分明，六面基本平整。同一面高差应控制在石料长度的 1%～3%，长度宜大于 50 cm，宽度应不小于 25 cm，长宽比不宜大于 3。异形石应专门加工成必须符合设计要求的特定形状和尺寸。

（3）块石：应有两个基本平行的面，且大致平整，无尖角、薄边，块厚宜大于 20 cm。

（4）毛石：无一定规则形状，单块重宜大于 25 kg，其中部厚度不宜小于 20 cm，并应符合《砌体工程施工质量验收规范》（GB 50203—2011）的规定。

（5）自行爆破采石，必须严格执行安全生产法规和安全操作规程，每次爆破后应认真观察分析，了解现场爆破石料情况。

（二）砌石工程所用材料应符合的规定

胶结材料是砌石工程的重要材料之一，针对水利工程的特点，胶结材料有水泥砂浆和小骨料混凝土两种。其质量的优劣直接影响砌石工程的质量，因此对胶结材料的质量控制，应作为对砌石工程质量控制的重点。

砌石工程所用材料应符合下列要求：

（1）混凝土浆砌块石所用的石子粒径不宜大于 20 mm。

（2）水泥强度等级不宜低于 32.5 级。

（3）使用混合材料和外加剂，应通过试验确定。混合材料宜优先选用粉煤灰，其品质指标参照有关规定。

（4）配制建筑使用的水泥砂浆和小石子混凝土，应按设计强度等级提高 15%，配合比应通过试验确定，同时应具有适宜的和易性。

（5）胶结材料的施工配制强度 $f_{cu.o}$ 必须符合下式规定：

$$f_{cu.o} = f_{cu.k} + 0.84\sigma \tag{4-1}$$

式中 $f_{cu.k}$——设计胶结强材料强度的标准值，N/mm^2；

σ——施工单位的胶结材料强度的标准差，N/mm^2。

考虑到砌石工程胶结材料在施工中的不均匀性，对施工的配制强度做出规定，以使胶结材料的强度保证率能满足 80% 的最低标准要求，即应按式（4-1）的要求，这也是水利工程一直沿用的行之有效的基本规定。

式（4-1）中胶结材料的标准差 σ 应有强度等级、配合比相同和施工工艺基本相同的抗压强度资料统计求得，试块统计组数宜大于或等于 25 组。当施工单位不具有近期胶结材料强度资料时，可根据已建工程的经验，对强度等级小于 C20 的混凝土，其强度标准差可采用 4 N/mm^2（4 MPa），对强度等级为 M7.5、M10、M15 等级的水泥砂浆，其强度标准差可依次分别采用 1.88 N/mm^2、3.5 N/mm^2 和 3.75 N/mm^2。

（6）胶结材料各组分的计量允许偏差如表 4-5 所示。

表 4-5　胶结材料各组分计量的允许偏差

材料名称	允许偏差/%
水泥	±2
砂（砾石）	±3
水、外加剂溶液	±1

（7）在胶结材料中掺用外加剂和粉煤灰，调整凝结时间、改善施工和易性及抗渗性能、抗冻性能十分有益。但外加剂的产品必须有出厂合格证书、产品检验结果和使用说明；外加剂的包装应标有名称、规格、型号、净重及有效日期；在运输、储存过程中应有防止污染变质的有效措施；掺量必须经过试验确定，因掺量过多或过少，都不会达到预期效果。

胶结材料中掺用粉煤灰,具有减水增强、节约水泥、降低成本、改善胶结材料的和易性及保水性等效果。

用于砌石工程的粉煤灰,可以采用 3 级品质的粉煤灰,也可选用等级较高的 2 级及其以上的粉煤灰。不论使用何种品质的粉煤灰,应通过试验确定。

第二节　闸体的施工技术要求

一、混凝土的施工技术要点

水闸的主体工程是混凝土工程,其施工技术是最重要的工序,是决定施工质量的重要环节,因此必须做好施工前的三项准备工作:混凝土的配合比试验、模板的制作安装和钢筋的制作安装等。

(一)混凝土施工前的准备工作

1. 配合比选定的基本要求

(1)为确保混凝土的质量,工程所用混凝土的配合比必须通过试验确定。

(2)对于大体积建筑物的内部混凝土,胶凝材料用量不宜低于 140 kg/m^3。

(3)混凝土的水灰比应以骨料在饱和面干状态下的混凝土单位用水量与单位胶凝材料用量的比值为准,单位胶凝材料用量为每立方米混凝土中水泥与混合材料质量的总和。

(4)混凝土的水灰比应根据设计对混凝土性能的要求,由实验室通过试验确定,并不应超过表 4-6 的规定。

表 4-6　水灰比最大允许值

混凝土所在部位	寒冷地区	温和地区
上下游水位以上	0.6	0.65
上下游水位变化区	0.5	0.55
上下游最低水位以下	0.55	0.60
基础	0.55	0.60
内部	0.7	0.70
受水流冲刷部位	0.50	0.50

表 4-6 注意事项如下:

(1)在环境水有侵蚀性的情况下,外部水位变化区及水下混凝土的最大允许水灰比应减小 0.05。

(2)在采用减水剂和加色剂的情况下,经过试验论证,内部混凝土最大允许水灰比可增加 0.05。

(3)寒冷地区是指最冷月月平均气温在 -3 ℃以下的地区。

(4)粗骨料的级配及砂率的选择,应考虑骨料生产的平衡、混凝土的和易性及最小单位用水量等要求,综合分析确定。

（5）混凝土的坍落度，应根据建筑物的性质，钢筋含量，混凝土的运输、浇筑方法和气候条件决定，尽可能采用小的坍落度，也可参照表4-7的规定。

表4-7　混凝土在现场浇筑的坍落度（使用振捣器）

建筑物的性质	标准圆锥坍落度/cm
水工混凝土或少筋混凝土	3~5
配筋率不超过1%的钢筋混凝土	5~7
配筋率超过1%的钢筋混凝土	7~9

注：有温控要求或低温季节浇筑混凝土时，混凝土的坍落度可根据具体情况酌量增减。

（6）在选择混凝土配合比时，也可按下式计算：

$$R_{配} = \frac{R_{标}}{1 - tC_v} = kR_{标} \tag{4-2}$$

式中　k——系数，见表4-8；

　　　$R_{配}$——选择配合比时混凝土的配制强度，kg/cm^3；

　　　$R_{标}$——混凝土的设计强度等级，kg/cm^3；

　　　t——保证率系数，见表4-9；

　　　C_v——离差系数，见表4-10。

表4-8　k值表

C_v	保证率 ρ/%			
	90	85	80	75
0.1	1.15	1.12	1.09	1.08
0.13	1.20	1.15	1.12	1.10
0.15	1.24	1.19	1.15	1.12
0.18	1.30	1.22	1.18	1.14
0.20	1.35	1.26	1.20	1.16
0.25	1.47	1.35	1.27	1.21

表4-9　保证率和保证率系数的关系

保证率 ρ/%	80	85	90	95
保证率系数 t	0.84	1.04	1.28	1.63

表4-10　离差系数

强度等级	<C15	C20~C25	≥C30
C_v	0.20	0.18	0.15

（7）混凝土配合比设计的基本准则：应经过有资质的试验过的技术主管部门批准，在施工过程中，如有原则性变动，应由设计、监理主管部门批准后方可进行。

2. 模板制作的要求

（1）应根据混凝土结构物的特点及施工单位的材料、设备、工艺等条件尽可能采用技术先进、经济合理的模板形式。

（2）模板及支架必须符合下列要求：

①保证混凝土浇筑后结构的形状、尺寸与相互位置应符合设计要求。

②具有足够的稳定性、刚度和强度。

③尽量做到标准化、系列化、装拆方便，周转次数高，有利于混凝土工程的机械化施工。

④模板表面光洁平整，接缝严密，不漏浆，以保证混凝土表面的质量。

⑤模板工程采用的材料及制作、安装等工序均应通过质量检查合格后，才能进行下一工序。

（3）模板的设计：水闸混凝土建筑物的模板设计应与施工密切配合，选用合理的体型、构造及分层分块尺寸，为模板工程标准化、系列化创造条件。

（4）重要结构的模板，移动式、滑动式、工具式及永久性的模板，均须进行模板设计并提出材料制作、安装、使用及拆除工艺的具体要求。模板设计图纸应标明设计荷载及浇制条件，如混凝土的浇筑顺序和浇筑速度、施工荷载等。

（5）模板工程设计应符合现行的国家标准和部分标准的规定，各标准中的构造要求，根据模板的具体工作条件适当选用。

（6）模板及支架按下列荷载计算：①模板及支架的自重；②新浇混凝土的重量；③钢筋的重量；④工作人员及浇筑设备、工具等荷载；⑤振捣混凝土时产生的荷载；⑥新浇混凝土的侧压力；⑦风荷载及其他荷载。

（7）大体积混凝土模板及支架的计算荷载。

在计算普通模板、支架及拉模时，可参考下列荷载标准值及计算公式：

①模板及支架的自重应根据设计图纸确定。木材的容重，针叶类按 600 kg/m^2 计算，阔叶类按 800 kg/m^2 计算。

②新浇筑混凝土及钢筋的重量。混凝土的容重应根据试验确定，一般可按 $2.4 \sim 2.5 \text{ t/m}^3$ 计算。钢筋重量应根据设计图纸确定，对一般钢筋混凝土可按 10 kg/m^3 计算。

③工作人员及浇筑设备、工具的荷载。计算模板及直接支承模板时可按均布活荷载 2.5 kN/m^2 及集中荷载 2.5 kN/m^2 验算。计算支承棱木的构件时可按 1.5 kN/m^2 计，计算支架立柱时按 1 kN/m^2 计。

④振捣混凝土时所产生的荷载：可按 1 kN/m^2 计。

⑤新浇大体积混凝土的侧压力：

a. 最大侧压力 p_m 值可参考表 4-11 选用。

表 4-11　最大侧压力 p_m 值　　　　　　　　　　　　　　　单位:kPa

温度/℃	平均浇筑速度/(m/h)						说明
	0.1	0.2	0.3	0.4	0.5	0.6	
5	22.55	25.50	27.46	29.42	31.38	32.36	本表适用于混凝土坍落度在 11 cm 以下未加缓凝剂的情况
10	19.61	22.55	24.52	26.48	28.44	29.42	
15	17.65	20.59	22.55	24.52	26.48	27.46	
20	14.71	17.65	19.61	21.57	23.54	24.52	
25	12.75	15.69	17.65	19.61	21.57	22.55	

b. 混凝土侧压力的分布如图 4-2 所示。

$$h_m = p_m / \gamma$$

式中　h_m——有效压头;

　　　γ——混凝土的容重,t/m^3。

⑥风荷载。按现行《建筑结构荷载规范》(GB 5009—2012)的规定执行。

⑦特殊荷载。可按实际情况计算,如平仓机非模板工程的脚手架、工作台、混凝土浇筑不对称时、水平推移力及重心偏移、超过规定堆放的材料等。

⑧拉模的牵引力。可参考下列项目计算,选用牵引设备时应将计算值乘以超载系数 3~4。

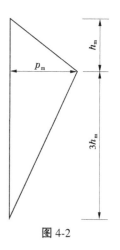

图 4-2

a. 钢模板与混凝土的黏结力。钢模板与混凝土的摩擦系数取 0.4~0.5,按实际的正压力计算。

b. 轮子和滑块与轨道的摩阻力。

c. 模板前台混凝土堆放的阻力。

d. 模板系统自重及荷载在牵引方向的合力。

e. 牵引机构(滑轮钢丝绳等)本身的摩阻力。

⑨混凝土对拉模的浮托力:

按模板倾角的大小和混凝土的稠度选用适当的数值。倾角小于 45°时,垂直作用于板面的浮托力为 300~500 kg/m^2。

(8)在计算模板及支架的强度和刚度时,应根据模板的种类,按表 4-12 的组合进行计算,特殊荷载按可能发生的情况计算。

(9)承重模板及支架的抗倾稳定性,应按下列要求核算。

①倾覆力矩。应计算下列倾覆力矩,并采用其中最大值。

a. 风荷载。按《建筑结构荷载规范》(GB 5009—2012)确定。

b. 实际可能发生的最大水平作用力。

c. 作用于承重模板边缘 150 kg/m^2 的水平力。

表 4-12　各种模板结构的基本荷载组合

项次	模板的种类	基本荷载组合	
		计算强度用	计算刚度用
1	承重模板： ①模薄壳的底模板及支架； ②梁、其他混凝土结构(厚0.4 m)的底模板及支架	①+②+③+④ ①+②+③+⑤	①+②+③ ①+②+③
2	竖向模板	⑥或⑤+⑥	⑥

注：①~⑥指槽模板及支架荷载计算里面的荷载序号。

②稳定力矩。模板及支架的自重折减系数为0.8，如同时安装钢筋应包括钢筋的重量。

③抗倾稳定系数。应大于1.4。

④除悬臂模板外，竖向模板与内倾模板都必须设置内部撑杆或外部拉杆，以保证模板的稳定。

（10）钢模板及活动部分应涂防锈的保护涂料，其他部分应涂防锈漆。木模板板面宜烤涂石蜡或其他保护涂料。

模板制作的允许偏差应符合模板设计规定，但一般不得超过表4-13中的规定。

表 4-13　模板制作的允许偏差

项次	偏差名称		允许偏差/mm
1	一、木模	小型模板长和宽	±3
2		大型模板(长、宽大于3 m)长和宽	±5
3		模板面平整度(未刨光) 相邻两板面高程差 局部不平(用2 m直尺检查)	1 5
4		面板缝隙	2
5	二、钢模	模板长和宽	±2
6		模板面局部不平	2
7		连接配件的孔眼位置	±1

注：1. 异型模板、滑动式模板、移动式模板、永久性模板等特种模板的允许偏差，按模板设计文件规定执行。

2. 定型组合钢模板可按全部有关规定执行。

3. 钢筋工程准备工作的要求

钢筋工程的准备工作主要是调直和除污锈。具体的要求如下：

（1）钢筋表面应洁净，使用前应除去表面的油渍、漆污、锈皮、鳞锈等，且清除干净。

（2）钢筋应平直，无局部弯折，钢筋中心线同直线的偏差不应超过其长的1%。成型的钢筋或弯曲的钢筋均应校直后才允许使用。

（3）钢筋在调直机上调直后，其表面伤痕不得使钢筋截面面积减少5%以上。

（4）如用冷拉法调直钢筋，则其校直冷拉率不得大于1%。

（5）钢筋伸长值的测量起点，以卷扬机或千斤顶拉紧钢筋（约为冷拉控制应力的1%）为准。

（6）对于1级钢筋，为了能在冷拉调直的同时去锈皮，冷拉率可加大，但不大于2%。

（7）钢筋的弯制和末端的弯钩应符合设计要求，如设计未做规定，所有的受拉光面圆钢筋的末端应做180°的半圆钩且内径不得小于2.5d。当手工弯钩时，可有适当的平直部分，如图4-3所示。

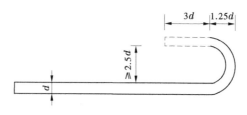

图4-3　1级光面圆钢筋的弯钩示意图

当2级钢筋按设计要求弯转90°时，其最小弯转直径应符合下列要求：

①钢筋直径小于10 mm时，最小弯转直径为5倍钢筋直径。

②钢筋直径大于16 mm时，最小弯转直径为7倍钢筋直径，如图4-4所示。当温度低于−20 ℃时，严禁对低合金钢筋进行冷弯加工，以避免在钢筋起弯点发生强化，造成钢筋脆断。

③弯起钢筋弯折处的圆弧内半径应大于12.5倍钢筋直径，如图4-5所示。

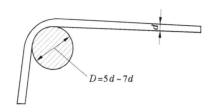

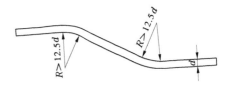

图4-4　2级钢筋弯钩转90°示意图　　　图4-5　弯起钢筋弯折处圆弧内半径示意图

④用圆钢筋制成的箍筋，其末端应有弯钩，弯钩的长度应符合表4-14中的规定数值。

表4-14　箍筋末端弯钩的长度

箍筋直径/mm	受力钢筋直径/mm	
	≤25	28~40
5~10	75	90
12	90	105

⑤加工后钢筋的允许偏差不得超过表 4-15 中的规定值。

表 4-15　加工后钢筋的允许偏差

项次	偏差名称		允许偏差值/mm
1	受力钢筋净尺寸		±10
2	箍筋各部分长度的偏差		±5
3	钢筋弯起点位置的偏差	厂房构件	±20
		大体积混凝土	±30
4	钢筋转角的偏差		3

(8)接头的技术要求如下：

①在加工中钢筋的接头应采用闪光对头焊接。当不能进行闪光对头焊接时，宜采用电弧焊(搭接焊、帮条焊等)。钢筋的交叉连接宜采用接触点焊，不宜采用手工电弧焊。

现场竖向或斜向(倾斜度在 1∶0.5 的范围内)钢筋的焊接宜采用接触电渣焊。现场焊接钢筋直径在 28 mm 以下时宜采用手工电弧焊(搭接)，直径在 28 mm 以上时宜采用熔槽焊接或帮条焊接。直径在 25 mm 以下的钢筋接头，可采用绑扎接头。

②焊接钢筋的接头，应将施焊范围内的浮锈、漆污、油渍等清除干净。

③在负温下焊接钢筋时，应有防风、防雪措施。手工电弧焊应选用优质焊条，接头焊完后应避免立即接触冰雪。在-15 ℃以下施焊时必须采取关门措施。雨天进行露天焊接必须采取专业措施，并要有可靠的防雨和安全措施。

④焊接钢筋的工人必须有相应的经考试合格的证件并持证上岗。

⑤采用不同直径的钢筋进行闪光对焊时，直径相差以一级为宜，且不得大于 4 mm。采用闪光对焊时，钢筋端头如有弯曲，应校直或切除。

⑥为保证闪光对焊的接头质量，在每班施焊前或变更钢筋类别、直径时，均应按实际焊接条件试焊两个冷弯及两个拉力试件。根据对试件接头外观质量检验，以及冷弯和拉力试件试验，在试验质量合格和焊接参数选定后，方可成批焊接。

⑦全部闪光对焊的接头均应经外观检查并符合下列要求：

a. 钢筋表面没有裂纹和明显的烧伤。

b. 接头如有弯折，其角度不得大于 4°。

c. 接头轴线如有偏心，其偏移不得大于钢筋直径的 10%，并不得大于 2 mm。外观检查不合格的接头应剔除重焊。

⑧闪光对焊接头的拉力试验成果均大于该级钢筋的抗拉强度，且断裂在焊缝及热影响区以外才算合格。

冷弯试验按表 4-16 中的规定进行。冷弯试验时焊接点应位于弯曲的中点，试件经冷弯后，其接头处(包括热影响区)外侧不出现横向裂纹才算合格。

⑨一般不从闪光对焊后的钢筋接头成品中抽样做抗拉试验和冷弯试验。当对焊接质量有怀疑或在施焊过程中发现异常时，应根据实际情况随机抽样进行冷弯及拉力试验。

表 4-16　钢筋闪光对焊接头的冷弯指标

钢筋级别	冷弯心直径	弯曲角度/(°)
1 级	2d	90
2 级	4d	90
3 级	5d	90
4 级	7d	90

注:钢筋直径大于 25 mm 时,弯心直径应增加一个钢筋直径 d。

⑩对于直径 10 mm 或 10 mm 以上的热轧钢筋,其接头采用搭接帮条电弧焊时,应符合下列要求:

a.搭接焊帮条的接头应做成双面焊缝。对于 1 级钢筋的搭接或帮条的焊缝长度不应小于钢筋直径的 4 倍;对于 2、3 级钢筋的搭接或帮条的焊缝长度不应小于钢筋直径的 5 倍。只有当不能进行双面焊时,才允许采用单面焊,其搭接或帮条的焊缝长度应增加 1 倍。

b.帮条的总截面面积应符合下列要求:当主筋为 1 级钢筋时,不应小于主筋截面面积的 1.2 倍;当主筋为 2、3 级钢筋时,不应小于主筋截面面积的 1.5 倍。为了便于施焊和使帮条与主筋的中心线在同一平面上,帮条宜采用与主筋同钢号、同直径的钢筋制成。如帮条与主筋级别不同,应按设计强度进行换算。

c.搭接焊接头的 2 根搭接钢筋的轴线,应位于同一直线上。但在大体积混凝土的结构中直径不大于 25 mm 的钢筋搭接时,钢筋轴线可错开 1 倍钢筋直径。

d.对于搭接和帮条焊焊缝高度为被焊接钢筋直径的 25%,并不小于 4 mm,焊缝宽度应为被焊接钢筋直径的 70%,并不小于 10 mm。当钢筋和钢板焊接时,焊缝高度为被焊接钢筋直径的 35%,并不小于 6 mm,焊缝宽度应为被焊接钢筋直径的 25%,且不小于 8 mm,见图 4-6。

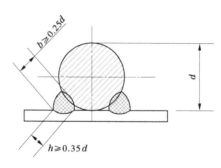

图 4-6　钢筋与钢板焊接

⑪采用熔槽焊接的钢筋接头,其质量应符合下列要求:

a.钢筋焊接的接头处应留的间隙,其数值应符合表 4-17 中的规定。

表 4-17　熔槽焊接头处的间隙数据

焊接钢筋的直径 d/mm	焊件端部间隙 a/mm		焊条直径/mm
	最小的和适宜的	最大的	
25~32	9	12	4
36	10	15	4~6
40、45	11	18	5
50、55	12	21	5~6
60	13	25	5~6
70	14	28	6

　　b. 焊缝高出钢筋的部分,不得小于钢筋直径的 10%。

　　c. 在焊缝表面不应有缺陷及削弱的现象,其偏差应在表 4-18 的规定范围内。

表 4-18　熔槽焊接头的允许偏差及缺陷

项次	偏差名称	计算单位	允许偏差及缺陷
1	焊缝接头根部未焊透深度: (1)焊接直径为 25~40 mm 钢筋时; (2)焊接直径为 40~70 mm 钢筋时	d d	0.15 0.10
2	在接头处钢筋中心线的位移	d	0.10
3	焊缝中的裂缝	—	不允许
4	蜂窝气孔及非金属杂质: (1)焊缝表面上(长 2d); (2)焊缝截面上	个/d_1 个/d_1	3/1.5 3/1.5

注:d 为钢筋直径,mm;d_1 为蜂窝气孔直径,mm。

　　焊条牌号以及换调焊工时,特别是在可能干扰焊接操作的不利环境下现场施焊时,应预先用相同材料、相同的焊接操作条件参数,制作 2 个抗拉试件,试验结果在大于或等于该钢筋的抗拉强度时,才允许正式施焊。

　　⑫为保证电弧焊的焊接质量,在开始施焊前或每次改变钢筋的类别、直径。

　　对每个焊接接头必须进行外观检查,必要时还应从成品中抽取试件,做抗拉试验。对处在有利条件下施焊的预制钢筋骨架结构的焊缝,可不从成品中取样做拉力试验,但应严格进行外观检查。

　　⑬电弧焊焊接接头的外观检查应符合下列要求:

　　a. 焊缝表面平顺,没有明显的咬边、凹陷、气孔和裂缝。

　　b. 用小锤敲击接头时,应发出清脆声。

　　c. 焊接尺寸偏差及缺陷的允许值见表 4-19。

表 4-19　搭接帮条焊接头的允许偏差及缺陷

项次	偏差名称	允许偏差及缺陷
1	帮条焊焊接接头中心的纵向偏移	$0.5d$
2	接头处钢筋轴线的曲折	$4°$
3	焊缝高度	$-0.05d$
4	焊缝宽度	$-0.10d$
5	焊缝长度	$-1.0d$
6	咬边深度	$0.05d$
7	焊缝表面上气孔和夹缝： (1)在 $2d$ 的长度上； (2)气孔、夹缝的直径	2 个 3 mm

注:d 为钢筋直径,mm。

⑭电弧焊接所用的焊条应按设计规定采用。在设计未做规定时,可参照表 4-20 选用。

表 4-20　电弧焊接时使用焊条的规定

项次	钢筋级别	焊接形式	
		搭接焊、焊条焊	熔槽焊
1	1 级	结 421	结 426 低氢型
2	2 级	结 502、结 506	结 556 低氢型
3	3 级	结 502、结 506	结 600 低氢型

注:低氢型焊条在使用前必须烘干。新拆包的低氢型焊条宜在一个班时间内完成,否则应重新烘干。

⑮接触电渣焊焊接前应先将钢筋端部 100 mm 范围内的铁锈、杂质除净。夹具钳口应夹紧钢筋,并使其轴线在一直线上,两钢筋端部间隙宜为 5 ~ 10 mm,宜采用铁丝圈引燃法及 431 号焊剂进行焊接。

⑯进行接触电渣焊之前应采用同型号、同直径的钢筋和相同的焊接参数并制作 5 个抗拉试件,如图 4-7 所示。在试验结果符合要求后,才能按确定的焊接参数施焊。

焊接参数可按表 4-21 中选用。

⑰钢筋接触电渣焊的接头,必须全部进行外观检查。外观检查的要求:接头四周铁浆饱满、均匀,没有裂缝;上下钢筋的轴线应尽量一致,其最大的偏移不得超过钢筋直径的 10%,同时不得大于 2 mm。外观检查不

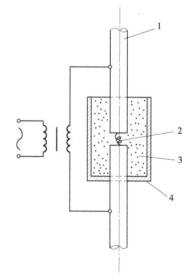

1—钢筋;2—铁丝圈;3—焊剂;4—焊剂盒。

图 4-7　钢筋接触电渣焊(铁丝圈引燃法)

合格者应断开重焊;当对焊接质量有怀疑时,应视实际情况抽样进行拉力试验。

表 4-21 钢筋接触电渣焊接时的参数

| 钢筋直径/ | 焊接电流/A | | 外电网保证 | 渣池电压/V | 手压力/kg | 通电时间/s |
mm	起弧	稳弧	电压/V			
20	800	400~500	370~400	25~45	20~30	18~20
25	900	500~600	380~400	25~60	30~35	20~25
32	400	700~900	380~420	25~60	35~40	25~30
36	1 600	900~1 100	380~420	25~60	35~40	30~35

注:1. 顶压时间以钢筋下压稳定后 0.5 min 为宜,夹具拆除时间一般以下压完成后 2 min 为宜。

2. 必须保证外电压稳定在 380 V 以上,否则应架设电线。

⑱钢筋采用绑扎接头时应遵守下列规定:

搭接长度不小于表 4-22 中的规定数值。

表 4-22 绑扎接头的最小搭接长度

钢筋级别	受拉区	受压区
1 级	30d	20d
2 级	35d	25d
3 级	40d	30d

注:1. 混凝土强度等级≤C15 时,最小搭接长度应按表中所列数值加 5d。

2. 位于受拉区的搭接长度不应小于 25 cm,位于受压区的搭接长度不应小于 20 cm。当受压钢筋为 1 级钢筋,末端无弯钩时,其搭接长度不应小于 30d。

3. 如在施工中分不清受拉区或受压区,搭接长度应按受拉区的规定。

⑲钢筋接头应分散布置,配置在"同一截面内"的下述受力钢筋,其接头的截面面积占受力钢筋总截面面积的百分率,应符合下列规定:

a. 闪光对焊、熔槽焊、接触电渣焊接头在受弯构件的受拉区,不超过 50%,在受压区不受限制。

b. 绑扎接头在构件的受拉区不超过 25%,在受压区不超过 50%。

c. 焊接与绑扎接头距钢筋起点不小于 10 倍钢筋直径,也不应位于最大弯矩处。

注:在施工中如分辨不清受拉区或受压区,其接头的设置应按受拉区的规定;两钢筋接头相距在 30 倍钢筋直径或 50 cm 以内,两绑扎接头的中距在绑扎搭接长度以内,均作为同一截面。

(二)设备性能的检查

在混凝土施工前应结合工程的混凝土配合比情况,检验拌和设备、振捣设备和运输设备的机械埋设情况、设备的安装质量和设备的试车运转。按设计选型,设备进场后要按设备的名称、型号、规格、数量的清单逐一检查验收,设备安装要符合有关设备的技术要求和质量标准,试车运转正常,并能配套投产。同时,应本着因地制宜、符合需要的原则,并考虑到施工的适用性、技术的先进性、操作的方便性、使用的安全性,保证施工质量的可靠性和经济上的合理性。例如,在混凝土工程选择振捣器时,应从工程结构的特点出发,并参照各类振捣器的功能及使用条件,对大体积混凝土宜选择大型插入式振捣器,对小尺寸构件应选用小型振捣器。又如,在选用挖土机时,应根据土质及挖土机的使用范围。对正铲挖掘机只适用于挖掘机面以上的土壤,反铲挖掘机适用于挖掘机面以下的土壤,而抓铲挖掘机则最适用于水中挖土等。

(三)混凝土施工时的技术措施

1.混凝土的拌和

在拌制混凝土时,必须严格按实验室出具的混凝土配料单进行配料,严禁擅自更改,并应注意以下事项:

(1)对所有的拌和材料,如水泥、砂、石混合材料均应以质量计,水及外加剂溶液可按质量折算成体积。称量的偏差,不应超过表4-23中的规定。

表4-23　混凝土各组分称量的允许偏差

材料名称	允许偏差/%
水泥、混合材料	±1
砂、石	±2
水、外加剂、溶液	±1

(2)施工时在混凝土拌和过程中,应根据气候条件定时地测定砂、石骨料的含水量(尤其是砂子的含水量);在降雨的情况下应相应地增加测定次数,以便随时调整混凝土的加水量。

(3)在混凝土拌和过程中,应采取措施保持砂、石、骨料的含水量稳定,砂子含水量应控制在6%以内。

(4)掺有混合材料(如粉煤灰)的混凝土进行拌和时,混合材料可以湿掺也可以干掺,但应保证掺和均匀。

(5)如使用外加剂,应将外加剂溶液均匀配入拌和水中,外加剂中的水量应包括在拌和用水量之内。

(6)必须将混凝土各组分拌和均匀。拌和程序及拌和时间,应通过试验确定。最少的拌和时间,可参照表4-24中的数字使用。

表4-24　混凝土拌和时间

拌和机进料容量/m³	最大骨料粒径/mm	不同坍落度(cm)的拌和时间/min			说明
		2~5	5~8	>8	
1.0	80	—	2.5	2.0	入机拌和量不应超过拌和机规定容量的10%
1.6	150(或120)	2.5	2.0	2.0	
2.4	150	2.5	2.0	2.0	
5.0	150	3.5	3.0	2.5	

(7)拌和设备应经常进行以下项目的检查,如发现问题应立即进行处理:

①拌和物的均匀性。

②各种条件下适宜的拌和时间。

③平衡器的准确性。

④拌和机及叶片的磨损情况等。

2. 混凝土的运输

混凝土的运输设备和运输能力应与拌和、浇筑能力,仓面具体情况及钢筋、模板调运的需要相适应,以保证混凝土运输的质量,充分发挥设备的效率,并应注意以下几点:

(1)混凝土在运输过程中不能发生离析、漏浆、严重泌水及过多降低坍落度等现象。

(2)同时运输两种以上强度等级的混凝土时,应在运输设备上设置标志,以免混淆。

(3)在运输混凝土的过程中,应尽量缩短运输时间及减少运输次数。运输时间不宜超过表 4-25 中的规定。

表 4-25　混凝土的运输时间

气温/℃	混凝土运输时间/min
20~30	30
10~20	45
5~10	60

注:本表数值未考虑外加剂、混合材料及其他特殊的施工影响。

(4)混凝土运输工具及浇筑地点,必要时应有遮盖或保温设施,以避免因照晒、雨淋、受冻而影响混凝土的质量。

(5)大体积的混凝土应优先采用吊起直接入仓的运输方式,当采用其他运输设备时应采取相应措施避免砂浆损失和混凝土分离。

(6)不论采用何种运输设备,混凝土自由下落的高度以不大于 2 m 为宜,超过此界限时应采取缓降措施。

(7)用皮带运输机运输设备时,应遵守下列规定:

①混凝土的配合比设计应适当增加砂,骨料最大粒径不宜大于 80 mm。

②宜选用槽型皮带机,皮带机的皮带接头宜胶结,并应严格控制安装质量,力求运行平稳。

③皮带机运行速度一般宜在 1.2 m/s 以内。皮带机的倾角应根据所用机型经试测确定,表 4-26 中的数值可参考使用。

表 4-26　皮带机的倾角

混凝土坍落度/cm	倾角/(°)	
	向上输送	向下输送
5 以下	16	8
5~10	14	6

④混凝土不应直接从皮带机卸入仓库内，以防分离，或堆料集中影响质量。

⑤皮带机卸料处应设置挡板和刮板，以避免骨料分离和砂浆损失，同时应设置储料和分料设施，以适应平仓振捣能力。

⑥混凝土运输中的砂浆损失应控制在1.5%以内。

⑦应装置冲洗设备，以保证能在卸料后及时清洗皮带机上所黏附的水泥、砂浆，必须采取措施，防止冲洗的水流入新浇的混凝土中。

⑧皮带机上应搭设盖棚，以免混凝土受日照、风、雨等的影响。低温季节施工时，并应有适当的保温措施。

（8）用汽车运输混凝土时，应遵守下列规定：

①运输道路应保持平整，以避免混凝土受振后发生严重泌水现象。

②装载混凝土的厚度不应小于40 cm，车箱应严密、平滑，砂浆损失应控制在1%以内。

③每次卸料应将所载混凝土卸净，并应及时清洗车箱，以免混凝土黏附。

④当以汽车运输混凝土直接入仓时，应取得设计单位同意，并应有确保混凝土质量的措施。

（9）用混凝土泵运输混凝土时，应遵守下列规定：

①混凝土应加外加剂，并应符合泵送的要求，进泵的坍落度一般宜为8~14 cm。

②最大骨料粒径应不大于泵管直径的1/3，并不应有超径骨料进入混凝土泵。

③安装导管前，应彻底清除管内污物及水泥砂浆，并用压力水冲洗。安装后要注意检查防止漏浆。在泵送混凝土之前，应先在导管内通过水泥砂浆。

④应保持泵送混凝土工作时的连续性，如因故中断，则应经常使混凝土泵转动，以免异常堵塞。在正常温度下如间歇时间过久（超过45 min），应将存留在导管内的混凝土排出，并加以清除。

⑤当泵送混凝土工作告一段落后，应及时用压力水将导管冲洗干净。

3. 钢筋的安装

（1）钢筋的安装位置、间距、保护层及各部钢筋的大小尺寸，均应符合设计图纸的规定，其偏差不得超过表4-27中的规定。

表4-27　钢筋安装的允许偏差

项次	偏差名称	允许偏差
1	钢筋长度方向的偏差	±1/2 净保护层厚
2	同一排受力钢筋间距的局部偏差： （1）柱及梁中； （2）板样中	±0.5d ±0.1 间距
3	同一排中分布钢筋间距的偏差	±0.1 间距
4	双排钢筋排间距的局部偏差	±0.1 排距
5	梁与柱中箍筋间距的偏差	0.1 箍筋间距
6	保护层厚度的局部偏差	±1/4 净保护层厚度

（2）现场焊接或绑扎的钢筋，其钢筋交叉的连接，应按设计的规定进行。当设计文件未做规定，且钢筋直径在 25 mm 以下时，楼板和墙内靠近外围两行钢筋之间相交点应逐点扎牢，其余按 50% 的交叉点进行绑扎。

（3）钢筋安装中交叉点的绑扎，对于 1、2 级钢筋直径在 16 mm 以上且不损伤钢筋截面时，可采用手工电弧进行点焊来代替，但必须采用细焊条、小电流进行焊接，并必须严加外观检查，钢筋不应有明显的咬边和裂纹出现。

（4）为了保证混凝土的必要厚度，应在钢筋与模板之间设置强度不低于设计强度的混凝土垫块。垫块应埋设铁丝并与钢筋扎紧。垫块应相互错开，分散布置。在多排之间应用短钢筋支撑，保证位置的准确。

（5）板内双方受力钢筋网应将钢筋全部交叉点扎牢。柱与梁的钢筋，其主筋与箍筋的交叉点，在拐角处应全部扎牢，其中间部分可每隔一个交叉点扎结一个。

（6）柱中箍筋的弯钩应设置在柱角处，且须按垂直方向交错布置。除特殊者外，所有箍筋应与主筋垂直。

（7）安装后的钢筋应有足够的刚性和稳定性。预制的绑扎和焊接钢筋网及钢筋骨架，在运输和安装过程中应采取措施避免变形、开焊及松脱。

（8）在钢筋架设完毕，未浇筑混凝土之前，须按照设计图纸和《水工混凝土施工规范》（SL 677—2014）的标准进行详细检查并做出检查记录。检查合格的钢筋，如长期露在外面，应在混凝土浇筑之前，按上述规定重新检查合格后方能浇筑混凝土。

（9）在钢筋安装完毕后，应及时妥善保护，避免发生错动和变形。

（10）在混凝土浇筑施工过程中，应安排人值班，经常检查钢筋架立位置，如发现变动应及时校正。严禁为了方便浇筑而擅自移动或割除钢筋。

4. 模板的安装

（1）模板的安装，必须按设计图纸测量放样，重要结构应多设控制点，以利检查校正。

（2）模板安装过程中，必须经常保持足够的临时固定点，以防倾覆。

（3）支架必须支承在坚实的地基或老混凝土上，并应有足够的支承面积，斜撑应防止滑动。在湿陷性黄土地区，必须有防水措施，如为冻胀土，还应保证结构在土壤冻融时的设计标高。

（4）支架的立柱必须在两个相互垂直的方向上，且用撑拉杆固定，以确保稳定。

（5）模板的钢拉条不应弯曲，直径宜大于 8 mm，拉条与锚环的连接必须牢固。预埋在下层混凝土中的锚固件（螺栓、钢筋环等）在承受荷载时，必须有足够的锚固强度。

（6）模板与混凝土接触的面板，以及各块模板的接缝处，必须平整严密，以保证混凝土表面的平整度和混凝土的密实性。在建筑物分层施工时，应整层校正下层偏差。模板下端不易错台。

（7）模板的面板宜涂脱模剂，但应避免因污染而影响钢筋及混凝土的质量。

（8）模板安装的容许偏差应根据结构的安全运行条件、经济和美观等要求确定，一般不得超过表 4-28 中的数值。

高速水流区、尾水管和门槽等要求较高的特殊部位，其模板的允许偏差，应由设计、施工单位共同研究决定。

表 4-28　大体积混凝土木模板安装的允许偏差　　　　　单位:mm

项次	偏差项目	混凝土结构的部位		说明
		外露表面	隐蔽内面	
1	模板平整度、相邻两面板高差	3	5	一般混凝土及钢筋混凝土梁柱的模板安装允许偏差按《混凝土结构工程施工质量验收规范》（GB 50204—2015）执行
2	局部不平,用 2 m 直尺检查	5	10	
3	结构物边线与设计边线	10	15	
4	结构物水平截面内部尺寸	±20	±20	
5	承重模板标高	±5	±5	
6	预留孔洞尺寸及位置	10	10	

(9)混凝土浇筑块成型后的偏差,不应超过木模的安装允许偏差的 50%~100%,特殊部位(溢流面、门槽等)由设计单位另行决定。

(10)钢承重骨架的模板,必须按设计位置可靠地固定在承重骨架上,以防止在运输及浇筑时错位。承重骨架安装前宜先做试吊及承载试验。

(11)模板及支架上严禁堆放超过设计荷载的材料及设备。脚手架、人行道等上不宜支承模板及支架;必须支承时,模板结构应考虑其荷载。在浇筑混凝土时,必须按模板设计荷载控制浇筑顺序、速度及施工荷载。

(12)混凝土在浇筑过程中,应设置专人负责经常检查调整模板的形状及位置。对承重模板的支架,应加强检查维护。模板如有变形走样,应立即采取措施甚至停止混凝土浇筑。

(四)混凝土浇筑时的施工技术要求

1.基本原则

(1)建筑物地基必须验收后,方可进行混凝土浇筑的准备工作。

(2)在立模扎筋以前,应处理好地基临时的保护层。

(3)浇筑混凝土前,应详细检查有关准备工作,地基处理情况,模板、钢筋、预埋件及止水设施等是否符合设计要求,并做好记录。

(4)基面的浇筑仓和老混凝土上的迎水面浇筑仓,在浇筑第一层混凝土前,必须先铺一层 2~3 cm 的水泥砂浆,其强度等级应超过混凝土强度等级,其他仓面若不铺水泥砂浆,应有专门论证。砂浆的水灰比应按混凝土的水灰比减少 0.03~0.05。一次铺设的砂浆面积应与混凝土浇筑强度相适应,铺设工艺应保证新混凝土与基岩层老混凝土结合良好。

(5)混凝土浇筑层厚度,应根据拌和能力、运输距离、浇筑速度、气温及振捣器的性能等因素确定。一般情况下,浇筑层的允许最大厚度不应超过表 4-29 中的规定。如果采用低流态混凝土及大型强力振捣器设备,其浇筑层厚度应根据试验确定。

表 4-29　混凝土浇筑层的允许最大厚度

项次	振捣器类别		混凝土浇筑层的允许最大厚度
1	插入式	电动、风动振捣器 软轴振捣器	振捣器工作长度的 80% 振捣器工作长度的 1.25 倍
2	表面振捣器	在无筋和单层钢筋结构中 在双层钢筋结构中	250 mm 120 mm

（6）浇入仓内的混凝土应随浇随平仓，仓内若粗骨料堆积，应均匀地分布于砂浆较多处，但不得用水泥砂浆覆盖，以免造成内部蜂窝。在倾斜面上浇筑时应从低处开始浇筑，浇筑面应保持水平。

（7）浇筑混凝土时严禁在仓内加水。如发现混凝土和易性较差，必须采取加强振捣等措施，以保证混凝土的质量。

（8）不合格的混凝土严禁入仓，已入仓的不合格的混凝土必须清除。

（9）混凝土浇筑时应保持连续性。如因故中止且超过允许的间歇时间，则应按工作缝处理，能重塑者，仍可继续浇筑混凝土。浇筑混凝土的允许间歇时间（自出料时算起到覆盖上层混凝土时为止），可通过试验确定，或参照表 4-30 中的规定。

表 4-30　浇筑混凝土的允许间歇时间

混凝土浇筑时的气温/℃	允许间歇时间/min		说明
	普通硅酸盐水泥	矿渣硅酸盐水泥及火山灰质硅酸盐水泥	
20～30	90	120	混凝土成型的标准，用振捣器振 30 s，周围 10 cm 内能泛浆且不留空洞。表内数值未考虑外加剂
10～20	135	180	
5～10	195	—	

（10）混凝土工作缝的处理，应遵守下列规定：

①已浇好的混凝土在强度尚未达到 25 kg/cm^3 前，不得进行上一层混凝土浇筑的工作。

②混凝土表面应用压力水、风砂枪或刷毛机等加工成毛面并清洗干净，排除积水后方可浇筑混凝土，压力水冲毛时间由试验确定。

（11）混凝土浇筑时间如表面泌水较多，应及时研究减少泌水的措施。仓内的泌水必须及时排除，严禁在模板上开孔赶水，以免泄走砂浆。

（12）在浇筑混凝土时，宜经常清除黏附在模板、钢筋和埋设部件表面的砂浆。

（13）混凝土应使用振捣器捣固。每一位置的振捣时间，以混凝土不再显著下沉、不出现气泡，并开始泛浆为准。

（14）振捣器前后两次插入混凝土中的间距，应不超过振捣器有效半径的 1.5 倍。振捣器的有效半径应根据试验确定。

（15）振捣器宜垂直插入混凝土中按顺序依次振捣,如略带倾斜,则倾斜方向应保持一致,以免漏振。

（16）振捣上层混凝土时,应将振捣器插入下层混凝土5 cm左右,以加强上下层混凝土的结合。

（17）振捣器距模板的垂直距离不应小于振捣器有效半径的1/2,并不得触动钢筋和预埋件。

（18）在浇筑仓内无法使用振捣器的部位,如止水片、止浆片等周围应辅以人工振捣使其密实。

（19）结构物设计顶面的混凝土浇筑完毕后,应使其平整,高程符合设计要求。

（20）浇筑低流态混凝土时,应用相应的平仓振捣设备,如平仓机振捣器组等,混凝土必须振捣密实。

2. 混凝土的特殊季节施工时的技术要求

混凝土的特殊季节一般指雨季、夏季和冬季,这三个季节由于气温的影响,因此在施工中应特别注意,并采取相应的措施。

1）高温季节施工时的一般规定

高温季节施工过程中,混凝土在经过平仓振捣后,覆盖上层混凝土前,在5~10 cm深度处的温度要求不得超过28 ℃,而且混凝土浇筑的分段、分缝、分块高度及浇筑间歇时间,均应符合设计规定。各分块应尽量均匀上升,相邻块的高差不宜超过10~12 m。为了防止裂缝,必须从结构设计、温度控制、原材料的选择、施工安排和施工质量等方面采取综合措施。为了提高混凝土的抗裂能力,必须改进混凝土的施工工艺。混凝土的质量除应满足强度保证率的要求外,还应在均匀性方面满足均匀性指标,即以现场试件28 d龄期抗压强度离差系数C_v值中的良好标准。为防止裂缝,应避免基础部分混凝土块体早期过水,其他部位亦不宜过早过水。

2）降低混凝土浇筑温度主要采取的措施

（1）对成堆料场的骨料,堆高要求不宜低于6~8 m,并应有足够的储备,最好通过地坑取料。

（2）搭盖凉棚,喷水雾降温（砂子除外）等。

（3）骨料遇冷可采用浸水法、喷洒冷水法、风冷法等措施。

（4）当用水冷时,应有脱水措施,使骨料含水量保持稳定。

（5）为防止温度回升,骨料从预冷仓到拌和楼应采取隔热降温措施。

混凝土拌和时,可采取低温水、加冰等降温措施,加水时可用冰块或片冰,但冰块粒径宜在3 mm以下,并适当延长拌和时间。

（6）在高温季节施工时,应根据具体情况采取下列措施,以减少混凝土的温度回升:

①缩短混凝土的运输时间,加快混凝土的入仓覆盖速度,缩短混凝土的暴晒时间。

②宜采用雾水喷射的方法,以降低仓面周围的气温。

③混凝土运输工具层有隔热遮阳措施。

④混凝土浇筑应尽量安排在早晚间进行。

⑤当浇筑块尺寸较大时,可采用台阶式浇筑法,浇筑块高度层应小于1.5 m。

（7）基础部分混凝土应利用适时有利的季节进行浇筑。

3）减少混凝土水化热温升的施工措施

在满足混凝土设计强度的前提下应采用加大骨料粒径，改善骨料级配，掺用混合材料外加剂和降低混凝土坍落度等综合措施合理地减少单位水泥用量，并尽量选用水化热低的水泥。为有利于混凝土浇筑块的散热，基础和老混凝土接触部位，浇筑块厚以 1~2 m 为宜，上下层浇筑间歇时间为 5~10 d。在高温季节，有条件时可采用表面流水冷却的方法进行散热。采用冷水管进行初期冷却时，埋管应在被覆盖一层混凝土后开始通水，通水时间由计算确定，一般为 10~15 d。混凝土温度与水温之差以不超过 25 ℃为宜。对于 ϕ25 mm 水管，管中流量以 0.6 m/s 为宜。水流方向应每天改变一次，使混凝土冷却较为均匀。

4）温度测量的要求

在混凝土的施工过程中，宜每 4 h 测量一次混凝土原材料的温度、机口温度及结构体冷却水的温度和气温，并应有专门记录。浇筑温度的测量，每 100 m² 仓面面积不少于一个测点，每一浇筑层应不少于 3 个测点。测点应均匀分布在浇筑层面上。浇筑块内部的温度观测，除按设计规定进行外，施工单位如有需要，可补充埋设仪器进行观测。

5）低温季节混凝土的施工技术要求

（1）低温季节混凝土施工的基本概念。

日平均气温连续 5 d 稳定在 5 ℃以下或最低气温连续 5 d 稳定在-3 ℃以下时，按低温季节施工。

当气温低于 0 ℃时，水泥的水化作用基本停止，气温降至-2~-4 ℃时，混凝土内的水开始结成冰，其体积增大约 9%，在混凝土内部产生冰胀应力，使强度还不高的混凝土内部产生微裂缝和孔隙，同时损害了混凝土和钢筋的黏结力，导致结构强度降低。

试验证明，混凝土受冻前养护时间越长，所达到的强度愈高，强度损失就越少。为此，混凝土受冻以前应具有一定的强度，使混凝土结构在受冻时不致破坏，后期强度能继续增长。一般把受冻后，其最终强度能达到 R_{28} 的 95%以上，这种受冻前所具有的强度，称为允许受冻临界强度。根据《水工混凝土施工规范》（SL 677—2014）规定，混凝土早期允许受冻临界强度应满足下列要求：大体积混凝土不应低于 7.0 MPa（或成熟度不低于 1 800 ℃·h），非大体积混凝土和钢筋混凝土不应低于设计强度的 85%。

（2）低温季节混凝土施工的措施。

为了使混凝土温度在降至冰点前达到允许受冻临界强度或者承受荷载所需的强度，常用的措施有蓄热法、综合蓄热法、外加剂和早强水泥法、外部加热法。对各种低温季节施工方法，可依据当年气温资料或预计 10~15 d 日平均气温来选定。

①蓄热法。就是利用对混凝土组成的材料（水、砂、石）预加的热量和水泥的水化热，再加以适当的覆盖保温，从而保证混凝土能够在正温条件下达到规范要求的临界强度。蓄热法使用的保温材料应该以传热系数小、价格低廉和易于获得的地方材料为宜，如草帘、草袋、锯末、炉渣等。保温材料必须干燥，以免降低保温性能。采用蓄热法施工时，最好使用水化热大的普通硅酸盐水泥或硅酸盐水泥。

温和地区宜采用蓄热法，风沙大的地区应采取防风设施。严寒和寒冷地区预计日平均气温-10 ℃以上时,宜采用蓄热法。

②综合蓄热法。是在蓄热保温的基础上,充分利用水泥的水化热和掺加相应的外加剂或者进行短时加热等综合措施,创造加速混凝土硬化的条件,使混凝土温度降低到冰点之前尽快达到允许受冻临界强度。

综合蓄热法一般分为低蓄热养护和高蓄热养护两种。低蓄热养护过程主要以使用早强水泥或掺防冻外加剂等冷法为主,使混凝土在一定的负温条件下不被冻坏,仍可继续硬化;高蓄热养护过程,则主要以短时加热为主,使混凝土在养护期间达到要求的受荷强度。这两种方法的选择取决于施工和气温条件。在严寒和寒冷地区,预计日平均气温达到-15~-10 ℃时可采用综合蓄热法或暖棚法;对风沙大、不宜搭设暖棚的仓面,可采用覆盖保温被下面布设暖气排管的办法;对特别严寒地区(最热月与最冷月平均温度差大于42 ℃),在进入低温季节施工时要制订周密的施工方案。

③掺外加剂法。是指在冬季施工的混凝土中加入一定剂量的外加剂,以降低混凝土中的液相冰点,保证水泥在负温条件下能继续水化,从而使混凝土在负温下能达到允许受冻临界强度。掺外加剂法常与蓄热法一起应用,以充分利用混凝土的初始热量及水泥在水化过程中所释放出来的热量,加快混凝土强度的增长。

目前,混凝土冬季施工中常用的外加剂有减水剂、引气剂、早强剂、阻锈剂等。由于两种和两种以上复合外加剂可以获得多种效能——降低冰点、快速硬化、提高抗冻性及改善和易性,故复合剂的使用较多。在我国,常用的复合剂有亚硝酸钠和硫酸钠复合剂及MS-F早强型减水剂。

④外部加热法。当上述方法不能满足要求时,常采用外部加热法,以提高混凝土强度。常用的外部加热法有蒸汽加热法、电热法和暖棚法等。工程实践证明,低温季节施工中,多种方法结合使用往往能取得较好的效果。

(3)混凝土低温季节施工过程中,还应注意以下要求:

①除工程特殊需要外,日平均气温-20 ℃以下不宜施工。

②混凝土的浇筑温度应符合设计要求,但温和地区不宜低于3 ℃,严寒和寒冷地区采用蓄热法不应低于5 ℃,采用暖棚法不应低于3 ℃。

③当采用蒸汽加热或电热法施工时,应进行专门设计。

④在施工过程中,应控制并及时调节混凝土的机口温度,尽量减少波动,保持浇筑温度均匀。控制方法以调节拌和水温为宜。提高混凝土拌和物温度的方法:首先应考虑加热拌和用水;当加热拌和用水尚不能满足浇筑温度要求时,应加热骨料。水泥不得直接加热。拌和用水加热超过60 ℃时,应改变加料顺序,将骨料与水先拌和,再加入水泥,以免假凝。

⑤混凝土拌和时间应比常温季节适当延长,具体通过试验确定。已加热的骨料和混凝土,宜缩短运距,减少转运次数。

⑥混凝土浇筑完毕后,外露表面应及时保温。新老混凝土结合处和边角处应做好保温,保温层厚度应是其他面保温层厚度的2倍,保温层搭接长度不应小于30 cm。

在低温季节浇筑的混凝土,拆除模板应遵守下列规定:非承重模板拆除时,混凝土强度必须大于允许受冻的临界强度或成熟度值。承重模板拆除应经计算确定。拆模时间及拆模后的保护,应满足温控防裂要求,并遵守内外温差不大于20℃或2~3d内混凝土表面温降不超过6℃的标准。

混凝土质量检查除按规定进行成型试件检测外,还可采取无损检测手段或用成熟度法随时检查混凝土早期强度。

6)混凝土的雨季施工要求

(1)砂石料场的排水设施应畅通无阻,无集水。

(2)运输工具应有防雨设备及防滑设备。

(3)浇筑仓面宜有防雨设施,并加强骨料含水量的测量工作。

在无防雨棚仓面,在小雨中进行浇筑时要注意以下方面:减少混凝土拌和的用水量,加强仓面积水排除工作,做好新浇混凝土面的保护工作,并防止周围的雨水流入仓面内。如遇大雨、暴雨应立即停止浇筑并遮盖混凝土表面。雨后施工必须先排除仓内积水,受雨水冲刷的部位应立即处理,如停止浇筑的混凝土尚未超过允许间歇时间或还能重筑时,应加铺砂浆连续浇筑,否则应按工作缝处理。

7)养护须知

混凝土浇筑完毕后,应及时洒水养护,以保持混凝土表面经常湿润。低流态混凝土浇筑完毕后,应加强养护并延长养护时间。

混凝土表面的养护应注意以下几项事宜:

(1)混凝土浇筑完毕后,早期应避免太阳光暴晒,混凝土表面应加遮盖。

(2)一般应在混凝土浇筑完毕后12~18h内即开始养护,但在炎热、干燥气候情况下应提前养护。混凝土养护时间根据所用水泥品种而定,但不应少于表4-31的数值,重要部位和利用后期强度的混凝土,以及在干燥、炎热气候条件下应延长养护时间(至少养护28d)。

表4-31　混凝土养护时间

混凝土用水泥的种类	养护时间/d
硅酸盐水泥和普通硅酸盐水泥	14
火山灰质硅酸盐水泥、矿渣硅酸盐水泥、粉煤灰硅酸盐水泥	21

对有温度控制要求的混凝土和低温季节施工的混凝土,其养护应分别按规范要求执行。混凝土的养护工作应由专人负责,并应做好养护记录。

二、砌石工程的施工技术

砌石工程所用的主要材料为石料,其质量的优劣将直接影响砌石工程的施工质量,特别是砌石工程的安全性和耐久性。所以,在施工前对石料的质量要求有如下规定:对石料质量在进场时应进行检查验收,并作为一项内部管理制度严格执行,以杜绝不合格料进入施工现场。同时,对石料场的分布、储量与质量进行检查。其调查试验的项目和精度应符合《水利水电工程天然建筑材料勘察规程》(SL 251—2015)的有关规定。

砌石工程石料需选用不透水石料,其抗水性、抗压强度、几何尺寸等均应符合设计要求,而且必须质地坚硬、新鲜,不得有剥落层或裂纹。不易风化的矿物颗粒遇水不易泥化和崩解,含水饱和极限抗压强度应符合设计要求,软化系数宜在 0.75 以上。

砌石工程可分为三种:浆砌石、干砌石和砌石混凝土。其对石料的要求按外形可分为粗料石、块石、毛石三种,规格要求如下:

(1)粗料石。一般为矩形,应棱角分明,六面基本平整,同一面高差应控制在石料长度的 1%~3%,长度宜大于 50 cm,宽、厚应不小于 25 cm,长厚比不宜大于 3。墙面粗石料的外露面宜修整加工,其高差宜小于 0.5。

(2)块石。应有两个基本平行面,且大致不整、无尖角,薄边块厚宜大于 20 cm。

(3)毛石。无一定规则形状。单块质量应大于 25 kg,中厚不小于 20 cm。规格小于上述要求的毛石又称片石,可用于塞缝,但其用量不得超过该处砌体质量的 10%。

(一)砌石工程所用材料应符合的规定

(1)砌石用砂浆和混凝土砌石用的砂质量要求应符合表 4-32 中的规定。

表 4-32　砌石用砂浆和混凝土砌石用的砂质量要求

项目	指标	说明
天然砂中含泥量/% 其中黏土含量/%	<5 <2	①含泥量是指粒径小于 0.08 mm 的淤泥和黏土的总量; ②不应含有黏土团粒
人工砂中的石粉含量/%	<12	是指小于 0.15 mm 的颗粒
坚固性/%	<10	是指硫酸钠溶液 5 次循环后的质量损失
云母含量/%	<2	
硫化物及硫酸盐含量 (折算成 SO_3 按质量计)/%	<1	
有机质含量	浅于标准色	如深于标准色,应配成砂浆进行强度对比试验
容重/(t/m³)	>2.5	

(2)混凝土砌石所用砾石(碎石)的质量要求如表 4-33 所示。

表 4-33　混凝土砌石所用砾石(碎石)的质量要求

项目	指标	说明
含泥量/%	D_{20}、D_{40} 粒径级<1、 D_{80} 以上粒径级<0.5	各粒径级均匀,不应含有黏土团块
坚固性(冻融损失率)/%	<5、<12	有抗冻要求时、无抗冻要求时
硫酸盐及硫化物含量 (折算成 SO_3 按质量计)/%	<0.5	

续表 4-33

项目	指标	说明
有机质含量	浅于标准色	如深于标准色,应进行混凝土强度对比试验
容重/(t/m³)	>2.55	
吸水率/%	<2.5	砾石经过试验论证可放宽至25%
针片状颗粒含量/%	<15	

(3)砌石混凝土施工中,宜将粗骨料按粒径分成几个粒径级:

①当最大粒径为 20 mm 时,分成 5~20 mm 一级。

②当最大粒径为 40 mm 时,分成 5~20 mm 和 20~40 mm 两级。

(4)砌石所用的胶结材料及其配合比,拌和与运输的施工质量要求如下:

胶结材料是砌石工程的重要材料之一,针对水利工程特点,胶结材料有混合水泥砂浆和小骨料混凝土两种,故砌石工程所用的材料应符合下列规定:

①水泥强度等级不宜低于 32.5 级。

②水泥砂浆是由水泥、砂、水按一定比例配合而成的。

③用作混凝土砌石的砂浆是由水泥、砂和最大粒径不超过 20 mm 的骨料按一定比例配合而成的。

④混合水泥砂浆是在水泥砂浆中掺入一定混合材料按一定比例配制而成的,但使用的混合材料和外加剂应通过试验确定。混合材料宜先用粉煤灰,其品质指标参照有关规定确定。

考虑施工质量的不均匀性,胶结材料的配制强度应等于设计强度等级乘以系数 k,k 值可按表 4-34 查得。

表 4-34　k 值表

C_v	$\rho/\%$				说明
	90	85	80	75	
0.1	1.15	1.12	1.09	1.08	
0.13	1.20	1.15	1.12	1.10	表中 C_v 为离差系数,ρ 为强度保证率
0.15	1.24	1.19	1.15	1.12	
0.18	1.30	1.22	1.18	1.14	
0.20	1.35	1.26	1.20	1.16	
0.25	1.47	1.35	1.21	1.21	

(5)胶结材料的配合比应经试验确定,并满足下列要求:

①配制砌筑用水泥砂浆和小石子混凝土,应按设计强度等级提高15%,配合比通过试验确定,同时应具有适宜的和易性,砂浆的坍落度一般为4~6 cm,小石子混凝土的坍落度宜为5~8 cm。

②胶结材料的施工配制强度$f_{cu.o}$必须符合下列规定:

$$f_{cu.o} = f_{cu.k} + 0.84\sigma \qquad (4-3)$$

式中　$f_{cu.k}$——设计的胶结材料强度标准值,N/mm²;

　　　σ——施工单位的胶结材料强度标准差,N/mm²。

考虑到砌石工程胶结材料施工的不均匀性,对施工配制强度做出规定,以使胶结材料的强度保证率能满足80%的最低标准要求,即以上公式的要求,也是为控制胶结材料强度能通过合格评定所采取的最基本的技术措施,式(4-3)中胶结材料的标准差由强度等级、配合比相同和施工工艺基本相同的抗压强度资料统计求得,试块统计的组数宜大于或等于25。但当施工单位不具有近期胶结材料强度资料时,可根据已建工程的经验,对强度等级小于C20混凝土,其强度标准差可采用4 N/mm²(4 MPa),强度等级为M7.5、M10、M15等级的砂浆,其强度标准差可依次分别取用1.88 N/mm²、2.5 N/mm²、3.75 N/mm²。

③胶结材料配合比的设计与试验是以胶结材料的施工配制强度为依据的。通过优化对比试验,选择合理的施工配合比,并以质量比表示。这有利于现场对胶结材料组分计量允许偏差的控制,故施工过程中胶结材料的配合比不得用体积比代替。由于客观条件等因素影响,较多会导致配料组分材料的密度变化较大,造成胶结材料的配合比计量不准确而使胶结材料的强度等级达到设计要求和强度离散性较大,所以胶结材料各组分计量的允许偏差应符合表4-35的规定。

表4-35　胶结材料各组分计量的允许偏差

材料名称	允许偏差/%
水泥	±2
砂、砾(碎石)	±3
水、外加剂溶液	±1

④胶结材料中掺用外加剂和粉煤灰,对提高砌体质量十分有益,可以减少水泥用量,降低水化热,调整凝结时间,改善施工和易性及抗渗、抗冻性能,但外加剂的适宜掺量必须通过试验确定。

⑤砂浆和混凝土应随拌随用,常温拌成后,应在3~4 h内使用完毕,如气温超过30 ℃则应在2 h内使用完毕,如在使用中发现泌水现象,应在砌筑前二次拌和。因此,为确保砌体的施工质量,胶结材料自出料、运输、存放到使用完毕的允许间歇时间,应根据工地的实际情况由工地实验室试验确定,并在施工中严格执行。

(二)砌石施工技术要求

1. 浆砌石的施工技术要求

浆砌石是砌石工程中较为重要的一部分,根据《水闸施工规范》(SL 27—2014)等规范的要求。浆砌石的施工质量应满足以下规定:

（1）砌体与基岩连接应按设计要求,在开挖后应进行清理,敲除光角,清除松动石块和残杂物,并将基岩表面的泥垢、油污等清洗干净,排除积水。

（2）砌筑前应在施工场外将石料逐个检查,要求将表面的泥垢、青苔、油渍等冲刷干净,并敲除软弱边角。砌筑时石料最好保持湿润状态,并对砌筑基面进行检查,砌筑基面符合设计及施工要求后,方允许在其上砌筑。

（3）砂浆砌石体砌筑,应先铺砂浆后砌筑,砌筑要求平整、稳定、密实。错缝砌筑应分层,各砌层均应坐浆,随铺浆随砌筑,每层应依次砌角石、面石,然后砌腹石,块石的砌筑应选择较平整的大块石经修凿后用作面石,上下两层块石应骑缝,内外石块应交错搭接。浆砌石石块砌筑,应看样选料,修整边角,保证竖缝宽度符合表 4-36 的要求,毛石砌筑竖缝宽度在 5 cm 以上时可填塞片石,应先填浆再塞片石。

表 4-36　砌缝宽度要求

类别		砌缝宽度/cm			说明
		粗料石	块石	毛石	
砂浆砌石体	平缝	1.5~2	2~2.5	—	当砌体平缝采用砂浆、竖缝采用混凝土砌筑时,缝宽见砂浆混凝土砌石体平缝、竖缝栏的数字
	竖缝	2~3	2~4	—	
混凝土砌石体	平缝 一级配	4~6	4~6	4~6	
	平缝 二级配	8~10	8~10	8~10	
	竖缝 一级配	6~8	6~9	6~10	
	竖缝 二级配	8~10	8~10	8~10	

注:竖缝错开距离不小于 10 cm,丁石的上下方不得有竖缝,粗料砌体的缝宽可为 2~3 cm。

（4）料石的砌筑,按一顺一丁或两顺一丁排列,砌缝应横平竖直。

（5）砌体宜均衡上升,相邻段的砌筑高差和每回砌筑高度不宜超过 1.2 m。

（6）采用混凝土底板的浆砌石工程,在底板混凝土浇筑至面层时,宜在距砌石边线 40 cm 的内部埋设露面块石,以增加混凝土底板与砌体间的结合强度。

（7）护坡护底和翼墙的砌筑宜用铺浆法砌筑,灰浆应饱满。内部石块间较大的空隙,应先灌填砂浆或细石混凝土,并认真捣实且用碎石嵌实,不得采用先填碎石块后塞砂浆的方法。

（8）在砌筑过程中如遇中雨或大雨,应停止砌筑,并将已砌石块中的空隙用砂浆或细石混凝土填实,然后加以遮盖,雨后应清除积水再继续砌筑。

（9）各砌体尺寸和位置的允许偏差应符合表 4-37 的规定。

表 4-37　砌体尺寸和位置的允许偏差

项目	墩墙		护坡护底	
	浆砌块石	浆砌料石	浆砌块石	干砌块石
轴线位置	±15 mm	±10 mm		
墙面垂直度(全高)	±0.5%H	±0.5%H		

续表 4-37

项目	墩墙		护坡护底	
	浆砌块石	浆砌料石	浆砌块石	干砌块石
墙身砌层边缘位置	±20 mm	±10 mm		
墙面坡度	不陡于设计规定	不陡于设计规定		
断面尺寸或厚度	+30 mm，−20 mm	±20 mm（±15 mm）	砌体厚度的±15% 且在±30 mm 之间	砌体厚度的±15% 且在±30 mm 之间
顶面高程	±15 mm	±15 mm		
护底高程			+30 mm，−50 mm	+30 mm，−50 mm

2. 干砌石的施工技术要求

干砌石工程的施工在水闸工程中应用较为广泛，对水利工程的安全运行有重要的意义，故对其施工质量控制提出以下规定。

（1）干砌石用于护底、护坡等部位，并应符合下列要求：

①砌体缝口应砌紧，底部应垫稳、填实，严禁架空。

②不得使用翘口石和飞口石。

③宜采用立砌法，不得叠砌和浮塞，石料最小边厚度不宜小于 150 mm。

④具有框格的干砌石工程，宜先修筑框格再砌筑。

⑤铺设大面积坡面的砂石垫层时应自上而下，分层铺设，并随砌石面的增高分段上升。

⑥干砌石护坡的垫层应按设计图纸要求进行施工。有反滤要求的垫层按反滤层的技术要求进行铺筑，保证反滤层的铺筑厚度符合设计要求。垫层铺筑，应自上而下分段铺填成型，干砌石护坡应紧随其后自下而上砌筑，砌筑过程中应有保护垫层不被破坏的施工技术措施。

⑦干砌石坡砌筑坡间水平挂线是为了控制设计坡度和护坡大面的平整度，错缝竖砌、紧靠密实、塞填稳固、大块封边及不得叠砌、浮塞架空、上下左右形成通缝等，是为了保证砌石护坡的整体性和稳定性。干砌石护坡当设计有水泥砂浆勾缝要求时，必须预留排水孔，以备水位骤降时护坡内的水能够迅速排出。

⑧干砌石挡墙的砌筑要点：考虑干砌石挡墙的特点，干砌石挡墙应全面分层卧砌，并根据石块的自然形状略加敲打整修，与先砌石块尽量挤摆、垫稳、上下错缝、内外搭砌，且不得为了省工省料在砌石断面中间用小石填心以确保干砌石体内部块石之间能够形成相互拉结作用，并提高干砌石墙体的整体性；干砌石体的砌筑层面不得以小石块、片石找平，是为了增强砌石挡墙层面之间的抗剪能力，提高干砌石体的整体性，对干砌石挡墙结构和自身稳定十分有利。

（2）干砌石面石勾缝的施工技术要求如下：

①材料和砌体的质量应符合设计要求。

②砌缝砂浆应密实砌缝宽度，错缝距离应符合要求。

③砂浆小石子混凝土配合比应正确，试件强度不应低于设计强度。

（3）砌体砌缝的允许宽度如表 4-38 所示。

表 4-38　砌体砌缝允许宽度

类别			砌缝宽度/cm			说明
			粗料石	块石	毛石	
砂浆砌石体	平缝		1.5~2	2~2.5	—	当砌体平缝采用砂浆、竖缝采用混凝土砌筑时，缝宽见砂浆、混凝土砌石体各栏中的有关规定
	竖缝		2~3	2~4	—	
混凝土砌石体	平缝	一级配	4~6	4~6	4~6	
		二级配		8~10	8~10	
	竖缝	一级配	6~8	6~9	6~10	
		二级配		8~10	8~10	

第三节　金属结构的制作安装技术要求

在水闸工程中金属结构的种类很多，一般说来，主要有钢制闸门（包括弧形闸门和平面闸门两种）、启闭机（主要有固定式启闭机和中压启闭机两种）、拦污栅等。其质量直接影响到水利工程的安全运行，特别是闸门启闭机一旦发生质量事故，所造成的不仅是金属结构本身的破坏，而是直接影响国家及人民群众的财产及人身安全。为保证金属结构的质量，在施工过程中必须执行设计要求及相关规定的要求。

一、钢闸门的技术要求

（一）钢闸门的一般技术要求

由于闸门不但要承受静水压力，并且要在动水中操作自如，安全运行，承受动水作用力，因此大型水闸工程中重要的工作闸门在运行过程中可能会产生气蚀、磨损和启闭力等问题，故在施工中应注意以下事宜：

（1）在水闸工程的施工过程中，应根据设计的要求选用合适的门型。由于弧形闸门没有门槽，高速水流通过闸门段边界时，不易产生分离和旋涡，启闭力也小，因此深孔工作闸门弧形闸门较为合适。而平面闸门不需要较大的闸室，支撑结构比较简单，当改善闸的泄洪道出口布置时，最好采用平面闸门。

（2）选用合理的底缘形式和门槽形式。一般讲，闸门底缘上游倾角不宜小于 45°，下游倾角不宜小于 30°，门槽用 $K > K_i$（K 为水流空穴数，K_i 为初生空穴数）。

（3）对于弧形闸门要特别注意止水形式，对平面闸门要特别注意门槽形式，并对于低水头弧形闸门应特别注意支臂的动力稳定性,必须从设计、制造、安装运行和管理维护各个方面予以重视,并采取有效措施予以预防。

(4)在总体布置上,闸门应布置在水流平顺的地方,避免在闸门前产生横向流和旋涡,避免在闸后淹没出流和回流等对闸门冲击,避免胸墙底部空腔产生水-气锤作用的不利影响。

(5)弧形闸门的支臂是薄弱环节,而支臂的动力稳定性又是问题的关键。

(6)在制造、安装、运行、管理和维护方面要注意以下事项:

①焊缝质量,特别是支臂的焊缝质量必须予以保证。

②安装精度,特别是支臂的安装精度,必须严格按规范进行。

③不得违章操作,当不得已双层过水(门底和门顶同时过水)时,不得长期停留于振动开度等。

④管理维修,支铰要定期检修加油,保证转动灵活自如,冬季运行要有防冻措施,不得冻死,每年汛前都要对电源、启闭设备、闸门逐一检查一遍。

(二)闸门和埋件制造的技术要求

(1)底槛、主轨、副轨、反轨、止水座板、门、侧轨、侧轮导板、铰座钢梁制造的允许偏差应符合表 4-39 的规定。

表 4-39　底槛、主轨、副轨、反轨、止水座板、门、侧轨、侧轮导板、铰座钢梁制造的允许偏差

序号	项目	允许偏差	
		构件表面未经加工	构件表面经加工
1	工作面直线度	构件长度的 1/1 500,且不超过 3.0 mm	构件长度的 1/2 000,且不超过 1.0 mm
2	侧面直线度	构件长度的 1/1 000,且不超过 4.0 mm	构件长度的 1/1 000,且不超过 2.0 mm
3	工作面局部平面度	每米范围内不大于 1.0 mm,且不超过 2 处	每米范围内不大于 0.5 mm,且不超过 2 处
4	扭曲	长度不大于 3 m 的构件,不应大于 1.0 mm,每增加 1 m 递增 0.5 mm,且最大不超过 2.0 mm	0.5 mm

注:扭曲是指构件两对角线中间交叉点不吻合值,下同。

(2)不兼作止水的胸墙制造的允许偏差应符合表 4-40 的规定。所有胸墙的宽度允许偏差均为-1 mm,对角线相对差均不应大于 4 mm。

表 4-40　不兼作止水的胸墙制造的允许偏差

序号	项目	允许偏差/mm
1	工作面直线度	构件宽度的 1/1 500,且不超过 4 mm
2	侧面直线度	构件高度的 1/1 000,且不超过 5 mm

续表 4-40

序号	项目	允许偏差/mm
3	工作面局部平面度	每米范围内不超过 4 mm
4	扭曲	高度不大于 3 m 的胸墙,不应大于 2 mm,每增加 1 m 递增 0.5 mm,且最大不超过 3 mm

注:1. 工作直线度通过各横梁中心线测量。

　　2. 侧面直线度通过两侧隔板中心线测量。

(3)底槛和门楣的长度允许偏差为-0.4 mm,如底槛不是嵌于其他构件之间,则允许偏差为±4.0 mm。

(4)焊接主轨的不锈方钢,止水座板与底板组装时应压合,局部间隙不应大于 0.2 mm,累计长度不超过全长的 15%。

(5)当止水座板在主轨上时,任一横断面的止水座板与主轨轨面的距离 L 的偏差不应超过±0.5 mm。止水座板中心至轨面中心的距离 a 的偏差不超过±2 mm。止水座板与主轨轨面的相互关系如图 4-8 所示。

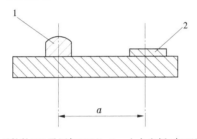

1—反轨轨面(承压加工面);2—止水座板(加工面)。

图 4-8　止水座板与主轨轨面的相互关系

(6)当止水座板在反轨上时,任一横断面的止水座板与反轨轨面的距离 L 的偏差不应超过±2 mm。止水座板与反轨轨面的相互关系见图 4-9。

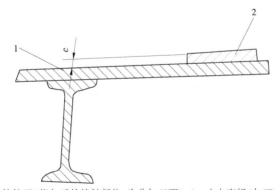

1—主轨轨面(指与反轮接触部位,为非加工面);2—止水座板(加工面)。

图 4-9　止水座板与反轨轨面的相互关系

(7)护角如兼作侧轨,其与主轨面或反轨轨面中心的距离 d 的偏差如图 4-10 所示,不应超过±3 mm。

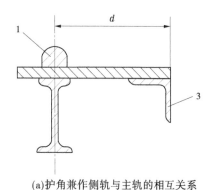

(a)护角兼作侧轨与主轨的相互关系   (b)护角兼作侧轨与反轨的相互关系

1—主轨轨面;2—反轨;3—护角。

图 4-10　护角与主轨及反轨的偏差

（8）弧门侧止水座板和侧轮导板的中心线曲率半径偏差不应超过±3 mm。

（9）锥形支铰基础与支承的组合面应平整，其平面度公差经过加工的不得大于 0.5 mm，未经加工的不得大于 2 mm。锥形支铰见图 4-11。

（10）分节制造的埋件，应在制造厂进行组装，组装时相邻构件组合出的错位，经过加工的不应大于 0.5 mm，未经过加工的不应大于 2 mm 且应平缓过渡。检查合格后应在组合处打上明显的标记并编号。

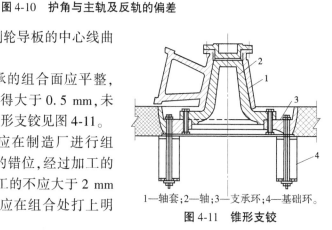

1—轴套;2—轴;3—支承环;4—基础环。

图 4-11　锥形支铰

（三）平面闸门制造的技术要求

（1）闸门不论整体或分节制造，出厂前均应进行整体组装（包括滚轮胶木滑道等部件的组装），检查结果合格后，在组合处打上明显的标记并编号，并焊上定位板。

（2）闸门吊耳孔的纵横中心偏差均不应超过±2 mm，吊耳、吊杆的轴孔应各自保持同心，其倾斜度不应大于1/1 000。

（3）在同一横断面上，胶木滑道或滚轮的工作面与止水座面的距离偏差不应大于1.5 mm。同侧滚轮或滑道的中心偏差不应超过±1.5 mm。

（四）弧形闸门制造的质量技术要求

（1）弧形闸门出厂前应进行整体组装检查，各项指标合格后方可出厂。其两个铰链轴孔的同轴度公差 a 不应大于 1 mm，每个铰链轴孔的倾斜度不应大于1/1 000。铰链中心至门叶中心距离 L_1 的偏差不应超过±1 mm。

（2）支腿开口处弦长的允许偏差如表4-41 所示的规定。

（3）支腿的侧面扭曲不应大于2 mm。

（4）支臂两端连接板上的螺孔应分别与铰链和主梁的螺孔配钻，其中有一端的连接板在工厂可点焊在支臂上，待工地安装时再焊，但未焊前其和铰链、主梁的组合面应接触紧密。两个铰链轴孔的同轴度公差 a 不应大于 1 mm，每个铰链轴孔的倾斜度不应大于

1/1 000。

表 4-41　支腿开口处弦长的允许偏差

序号	支腿开口处弦长 L/cm	允许偏差/mm
1	<4	±2.0
2	4~6	±3.0
3	>6	±4.0

（5）支臂中心与铰链中心的不吻合值不应大于 2 mm，支臂腹板中心与主梁的腹板中心的不吻合值不应大于 4 mm。

（6）支臂中心至门叶中心距离的偏差不应超过±1.5 mm。

（7）组合处错位不应大于 2 mm。

（五）人字门制造的技术要求

（1）人字门叶制造、组装的允许偏差应符合表 4-42 的规定。

表 4-42　人字门叶制造、组装的允许偏差

序号	项目及代号	门叶尺寸/mm	允许偏差/mm
1	门叶厚度 b	门厚： ≤500 501~1 000 >1 000	±3.0 ±4.0 ±5.0
2	门叶外形高度 H	门高： ≤5 000 5 001~10 000 10 001~15 000 15 001~20 000 >20 000	±5.0 ±8.0 ±12.0 ±16.0 ±20.0
3	门叶外形半宽 B/2	门宽： ≤5 000 5 001~10 000 >10 000	±2.5 ±4.0 ±5.0
4	对角线相对差 $\lvert D_1-D_2 \rvert$	取门高或门宽中尺寸较大者： ≤5 000 5 001~10 000 10 001~15 000 15 001~20 000 >20 000	3.0 4.0 5.0 6.0 7.0

序号	项目及代号	门叶尺寸/mm	允许偏差/mm
5	门轴柱、斜接柱 正面弯曲度	≤5 000 5 001～10 000 >10 000	±2.5 ±4.0 ±5.0
6	门轴柱、斜接柱 侧面弯曲度		±5.0
7	门叶横向直线度 f_1		$B/1\,500$,且不超过 6
8	门叶竖向直线度 f_2		$H/1\,500$,且不超过 4
9	顶、底主梁的 长度相对差	门宽: ≤5 000 5 001～10 000 >10 000	2.5 4.0 5.0
10	面板与梁组合面的局部间隙		1.0
11	面板局部凹凸不平度	面板厚度 δ: ≤10 10～16 >16	每米范围内 6.0 5.0 4.0

（2）支枕垫块出厂前应逐对配装研磨,使其接触紧密,局部间隙不应大于 0.05 mm,其累计长度不应超过支枕垫块长度的 10%。

（3）底枢蘑菇头与底枢顶盖轴套应在厂家内组装研刮,并满足下列要求:

①在加工时定出蘑菇头的中心位置。

②应转动灵活无卡阻现象。

③蘑菇头与轴套接触应集中在中间 120°范围内。接触面上的接触点数,在每 25 mm×25 mm 面积内应有 1～2 个点。

（4）人字闸门出厂应进行整体组装检查,还应符合下列要求:

①底枢顶盖和门叶底横梁组装后其中心偏差不应大于 2.0 mm,倾斜度不应大于 1/1 000。

②如顶枢装置不是在工地进行樘孔或扩孔的,则顶枢、底枢中心同轴度,当门高小于或等于 15 m 时,不应大于 1.0 mm;当门高大于 15 m 时,不应大于 2.0 mm。

二、启闭机的制造技术要求及安装技术要求

(一)启闭机的制造技术要求

某些水闸的闸门(如泄水溢洪系统的工作闸门)能否全启闭直接影响水闸工程建筑物甚至整个枢纽的安全。我国曾发生因暴雨来临电源发生故障造成闸门不能开启使洪水泛坝或堤防的事故,而造成重大损失。因此,启闭机的制造要符合《水利水电工程启闭机设计规范》(SL 41—2018)的规定,对用以操作泄洪及其他应急闸门的启闭机,必须设置

可靠的备用电源,保证在电源发生故障时仍能启闭闸门,并要注意以下事项:

(1)液压启闭机的安全阀主要用于超载等方面原因引起的泄流,为安全起见,在一般情况下不应动作,而行程限位则可能是经常性的动作。如闸门到达底槛,行程控制装置就应动作,切断电源,使其处在设计要求的位置上。所以,SL 41—2018 规定:液压启闭机应设有行程控制装置,不得用安全阀来代替行程控制装置。

(2)在《水电工程固定卷扬式启闭机通用技术条件》(NB/T 35036—2014)中保证钢丝绳质量具体规定为:钢丝绳应符合有关规定,同时钢丝绳长度不够时禁止接长,因为采用接长的方法会影响其强度和使用性能。由于滑轮和卷筒一般为铸件,其焊接性能差,如进行焊补很难确保质量,因此规范规定发现卷筒和滑轮上有裂纹时不允许焊补,应报废。用来固定钢丝绳的螺孔必须完整,螺纹不允许出现破碎、断裂等缺陷,钢丝绳固定卷筒的绳槽,其过渡部分的顶峰应铲平磨光,否则会磨损钢丝绳。

(3)启闭机外购件和外协件的质量技术要求:只有所有零部件包括外购件、外协件的质量得到保证才能保证整机的质量,为了确保启闭机的质量,规范规定所有零部件必须经检验合格,外购件应有合格证文件方可进行组装。

(4)水闸工程所用闸门及埋件启闭机等机械设备均应进行防腐蚀处理,其结构防腐蚀的质量技术要求如下:水闸闸门及启闭机、拦污栅等金属结构的腐蚀是破坏性的,所造成的损失也是惊人的,很多水闸工程的金属结构就是因为构件的锈蚀而造成结构的强度或刚度下降致使闸门运行存在安全隐患,直接威胁着国家和人民的生命财产安全。通过长效的防腐蚀方法,每年可以节约大量的检修费用。

(二)启闭机安装的技术要求

水闸工程所用的启闭机一般有固定式启闭机和油压式启闭机两种。

1. 固定式启闭机安装的技术要求

(1)固定式启闭机安装应根据起吊中心线找正,其纵横向中心线偏差不应超过±3.0 mm,高程偏差不应超过±5.0 mm,水平偏差不应大于0.5/1 000。

(2)快速启闭机过速限制器上离心飞摆弹簧的长度及摩擦片间隙,应按图纸尺寸进行初调。试运转时,再按实际关闭时间,最后调整弹簧的松紧。

(3)螺杆式启闭机安装的偏差应符合下列规定:

①螺杆与闸门连接前,其垂直度偏差不应大于0.2/1 000,螺杆下端口与滑块装置连接时,其倾斜方向应与滑块槽倾斜方向一致。

②滑块槽对起重螺母中心偏差不应大于0.2/1 000,滑块在滑槽内上下移动时应无别劲现象,两侧间隙应在0.2~0.4 mm内。

2. 油压式启闭机安装的技术要求

(1)油压式启闭机机架的纵横向中心线与从门槽实际位置测得的起吊中心线的距离偏差不应超过±2.0 mm,高程偏差不应超过±5.0 mm,双吊点油压式启闭机,支承面的高差不应超过±0.5 mm。

(2)机架钢梁与推力支座的组合面不应有0.05 mm的缝隙,其局部间隙不应大于0.1 mm,深度不应超过组合面宽度的1/3,累计长度不超过周长的20%,推力支座顶面水平偏差不应大于0.2/1 000。

（3）在活塞杆竖直状态下，测定活塞杆的垂直度，其值应符合图纸规定。如无规定，则其垂直度不应大于 0.5/1 000（每天测一点），且全长不应超过杆长的 1/4 000，并检查油缸内壁有无碰伤和拉毛现象。

（4）存放、运输和吊装活塞杆时，应根据活塞直径和长度决定支点或吊点个数，以防止变形。

（5）活塞上的缓冲套筒与活塞杆之间的间隙及缓冲套筒的节油孔均应清洗，使其畅通。

（6）缓冲环应能灵活动作，其限位压环螺栓应有防松装置。

（7）检查缸体、活塞杆、吊头连接器等部件上的螺纹，要求其表面光滑，不允许有裂缝、凹陷和断扣，局部小的断扣不得超过两圈，螺纹和螺母的支承面在安装前应涂防锈润滑脂。

（8）油缸组装后，应按图纸规定的压力和稳压时间试压，如无规定，则按额定压力（启门力）试压 10 min，活塞沉降量不应大于 0.5 mm，上下盖法兰不应漏油，缸壁不得有渗油现象。

（9）径向柱塞油泵或经门叶片油泵等，根据情况需要分解清洗时，柱塞或叶片严禁互换。装配后用手转动油泵，应灵活而无别劲现象。

（10）安装油封时，油封应压缩至设计尺寸，相邻两圈的有缝接头应错开 90°以上。

（11）活塞杆与闸门吊耳连接时，在活塞与油缸下端盖之间应留有 50 mm 左右的间距，以保证闸门能严密关闭。

（12）电磁操作阀、差动配压阀、逆止阀、起动阀及手动阀等，根据情况需要分解清洗时，则在分解、清洗时所测出的各阀的行程值应符合图纸规定，阀内弹簧不得有断裂，阀体应能自由升降而无别劲现象。装配后，各阀应按图纸规定试压，如无规定，则按 1.25 倍工作压力进行试压，其漏油量应符合图纸的要求。

（13）油桶和贮油箱的渗漏试验及管路弯制、清洗和安装的技术要求，均应符合《水轮发电机组安装技术规范》（GB/T 8564—2003）中的有关规定。

（14）走台、作业平台、斜梯和栏杆等在水闸工程的施工时，应符合劳动保护和安全的有关规定，保证操作人员和维修人员的安全。所以，要求其各项均牢固，栏杆的垂直高度不得小于 1 m，离铺板约 450 mm 处应有中间扶杆，底部不低于 70 mm 的挡板。

三、门闸和埋件安装的技术要求

（一）埋件安装的技术要求

（1）埋件安装前，门槽中的模板等杂物必须清除干净，一、二期混凝土的结合面应全部凿毛，二期混凝土的断面尺寸和预埋螺栓位置应符合图纸规定。

（2）平面闸门埋件安装时的允许偏差应符合设计图样的规定和规范要求。

（3）弧门铰座的基础螺栓中心和设计中心位置偏差不应大于 1 mm。

（4）弧门铰座钢梁中心的里程、高程和对孔中心线距离的偏差不应超过±1.5 mm。铰座钢梁的倾斜度按其水平投影尺寸 L 的偏差值来控制，要求的偏差不应大于 $L/1 000$。

（5）锥形铰座基础环的中心偏差和表面垂直偏差均不应大于 1 mm（如表面为非加工面，则垂直偏差为 2 mm），其表面对孔口中心线距离的允许偏差为+2.0 mm、−1.0 mm。

(6)埋件安装调整后,应用加固钢筋与预埋螺栓焊牢,螺栓应板直,加固钢筋的直径不应小于螺栓的直径,其两端预埋件及螺栓的焊接长度均不应小于 50 mm。

(7)深孔闸门预埋件过流面上的焊疤和焊缝加强高应铲平,弧坑应补平。

(8)埋件安装完,经检查合格后,应在 5~7 d 内浇筑二期混凝土。如过期或有碰撞,应予复测,复测合格后方可浇筑混凝土。浇筑时应注意防止撞击。

(9)埋件的二期混凝土拆模后,应对埋件的位置进行复测并做好记录。同时,检查混凝土表面尺寸,清除表面的钢筋头和杂物,以免影响闸门的启闭。

(二)平面闸门安装的技术要求

(1)整体到货的闸门在安装前,应对其各项尺寸按设计要求和规范规定进行复查。

(2)分节到货的闸门组成整体后,其各项尺寸除按设计要求和规范规定进行复查外,应满足下列要求:

①节闸如采用螺栓连接,则螺栓应均匀拧紧,节闸橡皮的压缩量应符合图纸的规定。

②节间如采用焊接,则焊接前应按已评定合格的焊接工艺编制焊接工艺规程,焊接时应监视变形。

③止水橡皮的螺孔应按门叶或止水压板上的螺孔位置定出,然后进行冲孔或钻孔,孔径应比螺栓直径小 1.0 mm,严禁烫孔,当螺栓均匀拧紧后,其端头应低于止水橡皮自由表面 8.0 mm 以上。

④止水橡皮表面应光滑平直,不得盘折存放。其厚度允许偏差为±1.0 mm,其余外形尺寸的允许偏差为设计尺寸的 2%。

⑤止水橡皮接头可采用生胶热压等方法胶合。胶合接头处不得有错位、凹凸不平和疏松现象。

⑥止水橡皮安装后,两侧止水中心距离和顶止水中心至底止水底缘距离的偏差均不应超过±3.0 mm,止水表面的平面度为 2.0 mm。闸门处于工作部位后,止水橡皮的压缩量应符合图纸规定,其允许偏差为+2.0 mm、-1.0 mm。

⑦单吊点的平面闸门应做静平衡试验,试验方法为:将闸门吊离地面 100 mm,通过滚轮或滑道的中心测量上下与左右方向的倾斜,倾斜度不应超过门高的 1/1 000,且不大于 8.0 mm。

(三)弧形闸门的安装技术要求

(1)圆柱形、球形和锥形铰座安装的允许偏差应符合表 4-43 的规定。

表 4-43　圆柱形、球形和锥形铰座安装的允许偏差

序号	项目	允许偏差
1	铰座中心对孔口中心线的距离	±1.5 mm
2	里程	±2.0 mm
3	高程	±2.0 mm
4	铰座轴孔倾斜(指任何方向的倾斜)	1/1 000
5	两铰座轴线的同轴度	2

（2）分节到货的弧形闸门门叶组成整体后，除对各项尺寸按规范有关规定进行复查外，还应在焊接时监视变形。

（3）弧门安装应符合下列规定：

①支臂两端的连接板和铰链、主梁组装焊接时，应采取措施减少变形，焊接后其组合面应接触良好。抗剪板应和连接板顶紧。

②铰轴中心至面板外缘的曲率半径的偏差，对露顶或弧门不应超过±8.0 mm，两侧相对差不应大于 5.0 mm；对潜孔或弧门不应超过±4.0 mm，两侧相对差不应大于 3.0 mm。

③顶侧止水安装的允许偏差和止水橡皮的质量要求应符合规范中的有关规定。

（四）人字闸门安装的技术要求

（1）底枢装置安装的偏差应符合下列规定：

①蘑菇头中心的偏差不应大于 2.0 mm，高程偏差不超过±3.0 mm，左右两蘑菇头标高相对差不应大于 2.0 mm。

②底枢轴座的水平偏差不应大于 1/1 000。

（2）顶枢装置的安装偏差应符合下列规定：

①顶枢埋件应根据门叶上顶枢轴座板的实际高程进行安装，拉杆两端的高差不应大于 1.0 mm。

②顶枢轴线与底枢轴线应在同一轴线上，其偏离值不应大于 2.0 mm。

③两拉杆中心线的交点与顶枢中心偏差不应大于 2.0 mm。

④顶枢轴两座板要求，其倾斜度不应大于 1/1 000。

（3）支枕座安装时以顶底支枕座中心的连线检查中间支枕座的中心线，要求其任何方向的偏移不应大于 2.0 mm。

（4）支枕垫块调整后应符合下列规定：

①不作止水的支枕垫块间不应有大于 0.2 mm 的连续间隙，局部间隙不应大于 0.4 mm，兼作止水的支枕垫块间应有不大于 0.15 mm 的连续间隙，局部间隙不应大于 0.3 mm，间隙累计长度应不超过支枕垫块长度的 10%。

②每对相接触的支枕垫块中心线相对偏移值 C 不应大于 5.0 mm。

（5）支枕垫块与支枕座间浇注填料应符合下列规定：如浇注环氧垫料，则其成分配制比例和允许最小间隙宜经试验确定。如浇注巴氏合金，则当支枕垫块与支枕座间的间隙小于 7 mm 时，应将垫块和支枕座均匀加热到 200 ℃后方可浇注，禁用氧-乙炔焰加热。

（6）旋转门叶从全开到全关过程中，斜接柱上任意一点上的最大跳动量，门宽小于或等于 12 m 时为 1.0 mm，门宽大于 12 m 时为 2.0 mm。

（7）人字门安装后底横梁在斜接柱一端的下垂值不应大于 5.0 mm。

（8）当闸门全关，各项止水橡皮的压缩量为 2.0~4.0 mm 时，门底的限位橡皮块应与闸门底槛角钢的竖面均匀接触。

（五）闸门试验的技术要求

（1）闸门在安装完毕后，应在无水的情况下做全程启闭试验。共用闸门应对每个门槽做启闭试验。试验前必须清除门叶和门槽内所有杂物并检查吊杆的连接情况，启闭时应在止水橡皮处浇水润滑,有条件时工作闸门应做动水启闭试验。

(2)闸门启闭过程中应检查滚轮转动情况,闸门升降有无卡阻,止水橡皮有无损伤等现象。

(3)闸门全部处于工作部位后,应用灯光或其他方法检查止水橡皮的压紧程度,不应有透亮或间隙。如闸门为上游止水,则应在支承装置和轨道接触后检查。

(4)闸门在承受设计水头的压力时,通过橡皮止水,每米长度的漏水量不应超过 0.1 L/s。

四、拦污栅制造和安装的质量要求

拦污栅制造和安装的技术要求与允许偏差:

(1)拦污栅栅体制造的偏差,宽度和高度不应超过±8.0 mm。

(2)栅体厚度的偏差不应超过±4.0 mm。

(3)栅体对角线相对差不应超过 60 mm,扭曲不应超过 4.0 mm。

(4)拦污栅埋件制造的允许偏差应符合表 4-44 的规定。

表 4-44 拦污栅埋件制造的允许偏差

序号	项目	允许偏差
1	工作面弯曲度	构件长度的 1/1 000,且不超过 6.0 mm
2	侧面弯曲度	构件长度的 1/750,且不超过 8.0 mm
3	工作面局部凹凸不平度	每米范围内不超过 2.0 mm
4	扭面	3.0 mm

(5)各栅条应互相平行,其间距偏差不应超过设计间距的±5%。

(6)栅体的吊耳孔中心距偏差不应超过±4.0 mm。

(7)栅体的滑块或滚轮应在同一平面内,其工作面的最高点和最低点的差值不应大于 4.0 mm。

(8)滑块或滚轮的跨度偏差不应超过±6.0 mm,同侧滑块或滚轮的中心线偏差不应超过±3.0 mm。

(9)两边梁下端的承压板应在同一平面内,若不在同一平面内,则其平面度公差应不大于 3.0 mm。

(10)固定式拦污栅埋件安装时,各横梁工作表面应在同一面内,其工作表面最高点与最低点的差值不应超过 3.0 mm。

(11)栅体吊入后,应做升降试验,检查其动作情况及各节的连接是否可靠。

(12)活动式拦污栅埋件安装的允许偏差应符合表 4-45 的规定。

对于倾斜设置的拦污栅埋件,其倾斜角的偏差不应超过±10′。

表 4-45　活动式拦污栅埋件安装的允许偏差　　　　　　单位:mm

序号	项目	底槛	主轨	反轨
1	里程	±5.0		
2	高程	±5.0		
3	工作表面一端对另一端的高差	3.0		
4	对栅槽中心线		+3.0 −2.0	+5.0 −2.0
5	对孔口中心线	±5.0	±5.0	±5.0

第五章　施工安全、施工组织与管理

第一节　文明安全施工

水闸工程施工中的安全控制十分重要,它直接关系人的生命和国家的财产安全。因此,在工程建设中,搞好施工安全控制,实现安全生产,既有重大的政治意义,又有重大的经济意义。

水闸工程施工作业是伤亡事故最多的作业之一,政府部门对水闸施工颁布有许多安全生产的法规。"建筑生产、安全第一、质量第一"是每个施工单位必须落实的,施工安全技术是施工组织管理中的重要组成部分。在水利工程中必须从单位工程或分部工程的建筑及结构特点,施工条件、技术要求和安全生产的需要出发,拟定保证工程质量和施工安全的措施与规程。它是进行施工作业交底,明确施工技术要求和质量标准,预防可能发生的工程质量事故和生产安全事故的一项重要内容,也是施工管理中不可缺少的重要环节。

文明施工、安全管理和环境保护,是指在施工生产活动中,职工的安全和健康,机械设备的安全使用及器物的安全保护,施工环境的污染防治等工作,是施工安全管理制的主要任务。

一、施工安全管理

施工安全管理的具体内容包括建立安全组织,制订安全管理计划,建立安全体系,安全检查,做好安全事故的调查与分析等。

(一)建立安全组织

保证和推进有效的安全管理必须有适当的组织。安全管理机构的设立(或设立各不同岗位的安全员),应根据工程规模的大小分级设置,层层负责,确定安全生产责任制。主要职责是贯彻执行国家和地方的有关规定,检查监督执行情况,制定安全施工制度和安全技术操作规程,进行安全检查、宣传教育和事故处理。工地各级负责人应亲自领导相应机构的安全工作。

(二)制订安全管理计划

安全技术规程和计划是行动的指南,为了确保安全施工,在制订施工计划的同时,可制订安全管理规程。

制订安全管理计划必须亲临现场,针对工地上物资和各工序的情况,充分听取基层负责人的意见,结合其他工地的经验,仔细地加以选择采用。

施工计划的主要内容:安全控制的意义,包括政治意义和经济意义;施工不安全因素的分析及措施,包括各施工工序中的不安全因素及措施等。

1. 搞好安全控制的政治意义

国家和政府在国家的各项工程建设中,一贯重视安全生产,一致强调"安全第一、预防为主"是国家工程建设的基本方针。国务院颁布了"三大规程"和"五项规定",有关部委也分别颁布了安全技术规程,这些安全法规都强调了"安全第一、预防为主"的方针,对促进安全生产、文明生产具有重要的意义。其具体的要求如下:

(1)抓好施工安全措施是施工单位的头等大事,加强劳动保护工作,抓好安全生产保护,保证劳动者的安全和健康是国家对工程建设的基本原则,不断改善职工劳动条件,防止事故和职业病,是一项严肃的政治任务。就是要尽一切努力,在生产劳动中避免一切可以避免的事故,保护劳动者的人身安全和国家财产安全。

(2)安全生产是精神文明在生产中的具体体现,精神文明建设在工程建设中的具体体现,就是文明生产、安全生产。安全生产关系着劳动者的安危,也是人道主义的广泛体现。

2. 搞好安全生产的经济意义

搞好施工安全生产是实现工程建筑生产管理中的重要任务,它对于提高施工单位的经济效益有着直接的影响。

(1)高效益的生产必须是安全生产,因为以最低的成本消耗获得最大的生产价值。

如果一个施工单位安全条件很差,职业病多,伤亡率高,职工思想不稳定,误工时间多,是无法实现高效益生产的。

(2)施工中如发生安全事故,所造成的直接经济损失往往是十分惊人的,主要包括以下内容:

①人身伤亡造成的经济损失,如丧葬费用和抚恤费用、医疗护理费用、补助及救助费用、误工费用等。

②设备、设施的损失,如固定资产损失费用、因事故造成的修复费用、流动资产损失费用等。

③善后处理的损失,如事故调查处理费用、现场保护及抢救费用、现场清理费用、事故罚款及赔偿费用等。

(3)发生安全事故还会造成间接的经济损失,主要包括停工损失、减产损失、工作损失、资源损失、环境污染处理费及其他的损失。

3. 施工中的各工序安全施工的主要技术措施

(1)土方工程施工中最常发生的安全事故是塌方造成的伤亡事故。所以,土方开挖的施工应做好以下事宜:开挖边坡要稳固,土方工程施工前应进行必要的工程地质和水源地质勘测,并按设计要求的边坡稍微放大,制订出土方开挖方案,以控制高边坡的开挖坡度。边坡太缓但开挖量大,虽然安全但增加开支;边坡太陡容易塌方,虽然经济但易出事故。所以,应根据开挖的深度和土壤的物理力学性质及地下水的实际情况采用规范规定的数值。施工中应由上到下逐层开挖并根据土体性质、开挖深度确定安全边坡或加强固臂支撑。所挖出的土方要及时运走,不需运走的土方应堆放到距基坑较远的地方。

(2)做好排水工程。由于土体具有一定的渗透力和较低的抗冲力,因此在土方的施工中要很好地解决地下水及在雨季施工的工程排水问题,尤其是施工场地的排水要设置有效的排水设施,保证排水系统的畅通,防止地下水和地表水流入基坑和冲刷边坡。

(3)高空作业。因作业面临空、工作条件差,操作人员有恐惧心理,危险因素比较多,为避免高空坠落应在科学管理和技术措施上加强控制。主要的措施如下:

①组织施工人员在施工前熟悉高空作业的部位和特性,熟悉高空作业的操作规程、操作方法及防护用具的使用方法等,以增强安全意识,真正做到不违章作业。

②实施"三保"防护,即工人进入施工现场必须保证戴安全帽和安全带、手套,结构物上必须设有安全网等。做到"四口"防护,即在楼梯口、电梯口、预留孔口及建筑物的进出口,必须设置防护栏、盖板和架网等。

高空作业的临时周边应设置围栏或搭设安全网,各路口还应设置指示牌和标牌,以示路人和车辆通行时注意,重要工地还应设安全员指挥。高空作业所搭的脚手架和梯子的结构必须保证坚固牢靠。

(4)注意电气工程的不安全因素。电气事故的预兆不直观明显,而危害性却很大,往往会发生伤害人体、损坏设备等严重事故,直接影响工程的生产效益和经济效益,故要在施工中采取以下预防措施:

①根据电气设备的性质、电压等级、周围环境、运行条件等对经常带电的设备进行意外接触防护,如对裸导线或母线应采取封闭、高挂、高罩盖等绝缘、屏护遮栏、保证安全距离的措施。

②对偶然带电设备,如电机外壳、电动工具等可采取保护接地、保护接零线或安装漏电断路器等措施,也可对不带电的部分采取双重绝缘结构等。

③检查修理作业时,为了防止工作人员产生麻痹思想,应采用标牌或口号提醒广大职工注意,为避免触电事故发生,应使用适当的防护用具。

(5)爆破工程中的安全措施。在水闸工程的施工中开挖基岩,大都采用爆破施工,其所使用的材料主要是炸药和雷管,这些均是危险品,所以在运输和保管中必须严守操作规程。任何的疏忽都将造成人员和财产的重大损失,爆破工程科学性强、危险性大,要搞好安全工作需要做好以下工作:

①做好爆破材料在运输、保管、使用过程的安全保障工作,防止意外爆炸事故的发生。

②爆破前应计算爆破正面的安全距离,防止放炮时正面伤人等。

③爆破前应计算爆破的撞冲击波的危害半径,采用适宜的爆破方法,防止爆破中断交通、通信、输电线路等。

④爆炸前应根据工程地质情况精确计算爆破的用药量,防止爆破引起爆破区塌方、滑坡等。

⑤做好爆破区的安全防护工作,各路应设置标牌和设立安全指挥员。

(6)爆破方案的选择及确定如下:

①爆破设计包括爆破规模的核定、爆破参数的计算、爆破施工图标、制订爆破方法、爆破网络计算、验算地震效应、编制施工材料和机具的种类与用量及施工进度表等。

②认真实施爆破方案中的各项安全技术措施,落实组织措施。要组成由监理、施工和

地方派出所有关人员参加的爆破安全领导小组,认真讨论爆破方案中的安全措施,从组织上落实,明确责任,对放炮的时间、信号、警戒范围要在联席会上进行交底落实。

③严格检查制度,为保证措施的实施,事前应进行"三检"工作,即装炮前检查炮眼的深度、方向、距离是否符合方案的要求,在装药过程中检查炮孔预留的堵塞深度是否符合要求等。

④事后坚持爆破效果分析,通过分析,总结经验教训,从而增强作业人员的工作责任心,防止或减少爆破事故的发生。

(三)建立安全体系

为了切实对施工安全进行有效的控制,在工地现场必设置安全办公室或安全科,各部位设立专职的安全员,他们主要任务如下:

(1)全面贯彻执行党和国家的安全生产及劳动保护的政策和法规。

(2)做好安全生产的宣传教育和管理工作,及时总结交流和推广安全生产的先进经验。

(3)经常深入基层指导施工单位和下级安全技术人员的工作,调查研究安全中的不安全问题,提出改进意见和措施。

(4)组织安全活动,定期召开安全工作会议,进行施工安全检查。

(5)参加审查施工方案和安全技术措施计划,督促检查贯彻执行情况。

(6)在审核新技术、新工艺、新结构、新材料、新设备等方案时,同时审核有关相应的安全技术操作规程。

(7)研究施工过程中有损职工身体健康的各种职业病变、有害作业,为安全作业,重点控制人的不安全行为和物的不安全状态,两方面尤应以人为安全控制的核心。

(8)在编制项目工程(包括单元、分部、单位工程)和临时工程施工组织设计时必须同时编制安全技术措施,并在技术交底时把安全技术交代清楚。

(9)施工人员应服从安全人员提出的意见。施工单位领导应重视和支持安全人员的工作。若施工中不遵守安全规程,安全人员有权制止,直至通知停工,待隐患处理后方可恢复工作。

(10)各级领导必须认真贯彻执行国家有关劳动保护的政策、法令和指示。单位行政第一负责人是安全生产的第一负责人,在计划、布置、总结和评比生产时,应同时计划、布置、检查、总结评比安全工作。

(11)对现场的广大职工及施工人员进行三级安全教育,对特殊工种工作人员必须进行专业培训,取得合格证后,才能从事本专业的工作。

(四)安全检查

定好安全管理制度后要进行经常性的安全检查,主要从以下几方面着手:

(1)在每项工程开工前都应按规程、制度进行安全检查,哪一项不合格都不允许开工,工程施工中还应进行抽查或隔一定时间进行一次全面大的检查。

(2)检查"安全第一、预防为主"的方针和国家现在的安全生产法规,建设行政主管部门的安全规章和制度的执行情况。

(3)检查施工单位落实安全生产的组织保证体系,建立健全安全生产责任制。

(4)检查所制订的安全技术措施执行情况。

(5)检查按建筑施工安全技术标准和规范要求,落实分部、单元工程和各工序关键部位的安全防护措施。

(6)不定期地组织安全综合检查,提出处理意见,并限期整改。

(五)做好安全事故的调查与分析

通过事故的调查与分析,能及时找出事故的作业内容,这样就有了防止事故的重点,从而明确了措施的方向,减少事故的发生。

工伤事故按照人身伤亡的性质分为死亡、重伤、轻伤。重伤是指受伤后造成残废,轻伤是指不造成残废,但需休息 8 h 以上。造成事故的原因有物体打击、车辆伤害、机械伤害、起重伤害、触电、淹溺、灼烫、火灾、高处坠落、坍塌、窒息、中毒、爆炸等。

事故发生后,应对事故发生的时间、地点、原因、伤亡性质,经过责任者等进行登记,并及时做出严肃认真的处理,按年、月份、类型及性质分别统计,以便从中找出发生事故的主要原因,作为以后的防范借鉴。

二、文明施工及环境保护

(一)文明施工

随着社会的进步、人类的文明,人们对环境条件的要求越来越高,由于水利工程的施工对当地的环境造成一定的影响,如施工机械的运转、噪声、灰尘等,因此我们要提倡文明施工,并且要做到以下事项:

(1)施工道路平整,做到硬地施工。

(2)施工现场的排水设施应全面规划,其设置位置不得妨碍交通,并须组织专人养护,保持排水通畅,做到施工区域无积水。

(3)施工现场存放的设备、材料应做到场地安全可靠,存放整齐,通道完整,必要时设专人进行守护。

(4)上岗着装符合安全规程或有关规定要求,并戴安全帽坚守生产工作岗位,接待来访或检查工作,做到热情、有礼貌地解答问题,主动耐心,交接班全面细致。

(5)职工能自觉遵守劳动纪律,严格执行作业规定,语言、举止文明,专研业务,勤奋学习。

(二)施工区域的环境保护

水闸施工区域的环境保护主要从以下两个方面着手:一是固体废弃物的污染防治;二是施工区噪声污染防治;三是防止施工活动新增的水土流失。

1. 固体废弃物的污染防治

固体废弃物是指人们在开发建设、生产经营和日常生活中排放的固体和泥状废物。固体废弃物直接倾入水体或不适当的堆置,会成为污染环境的重要污染源。对环境的污染最终主要是以水污染、大气污染及土壤污染的形成出现。

施工区固体废弃物分为生产废弃物、生产生活垃圾和医院及生活区垃圾等。生产废弃物主要包括开挖的石渣、生产的废料(如混凝土废料、废木料等)和机械设备破旧而丢弃的零件等。生产生活垃圾包括施工人员和其他人员在日常生活中产生的废弃物、化粪池底渣等。医院及生活区垃圾主要是指各承包商、分包商、施工单位等的饭渣、洗澡水、洗碗水、洗衣水等垃圾。

(1)渣的处理。施工产生的堆弃渣,按设计合同文件的要求送到指定的渣场,在堆弃渣过程中注重环境保护,不影响泄洪和交通。

(2)生产垃圾处理措施。水闸场地、施工现场产生的生产垃圾,若不能合理堆置将会影响周围景观。生产垃圾中的混凝土弃渣,由于混凝土属强碱性物质,所以其淋滤液也是碱性的,因此水闸施工中的混凝土弃渣应妥善处理。

(3)生活垃圾的处理。施工人员日常生活过程中将产生大量的生活垃圾,而这些生活垃圾是苍蝇、蚊虫卵生,致病细菌繁衍,鼠类集中的场所,因此生活垃圾不适当堆放将对周围人群健康带来不利影响。

2.施工区噪声污染防治

水闸工程开工后大量的施工机械涌入施工现场,各种机械运输、交通运输等所产生的噪声对周边群众的生产生活带来了干扰和危害。主要施工机械有挖掘机、凿岩机、冲击钻、铲运机、堆土机等,对现场施工人员的身心健康也会产生危害。其防治措施如下:

(1)选用噪声低的施工机械或在施工机械上安装消声装置。

(2)加强个人防护,给现场人员发放耳塞、耳罩。

(3)在生活区植树造林,周围设置围墙等。

(4)加强环境监督,对施工区噪声污染较重的区域限期整改。

3.施工期间新增的水土流失防治

水闸施工期由于各种因素扰动地表和损坏场地及周边的林草植被面积,应根据施工区总体布局,土地使用的功能而造成水土流失的特点,地形地貌,按照集中连片,便于水土保持措施体系布置的原则,引导水闸施工区分为工程占压交通道路,场地布置如钢筋加工场、料场搅拌场等地区。根据地形地貌、地表植被破坏情况,在保持原貌恢复和预测的基础上采用不同的水土流失防治体系。对原地貌扰动程度较大、对原地表植被破坏严重、水土流失严重的区域,采用以工程为先导、以生物措施为主体的水土流失防治体系;对原地地表整治为主、适当配置工程防护措施和生物措施的水土流失防治体系。

第二节　项目法施工管理

项目是指在一定约束条件下,具有特定目标的一次性任务,如建设一项工程、完成某项科研任务、撰写一篇论文等,而工程建设则是典型的项目问题。

项目法施工是以项目经理对项目建设的工期、质量、成本的全面负责制,是工程项目的三个主要因素一体化,由项目经理对项目的实施进行系统化的管理,优化工程总体功能,达到缩短工期,保证质量,降低成本,提高工程投资效益和施工单位综合经济效益的一种科学管理模式。

一、施工项目管理与项目法施工

施工项目管理的对象可以是项目获得者自行管理施工，也可以是受委托者(如承包给某个施工队伍)管理施工，如为后者，则项目管理目标与项目目标是一致的。项目法施工的研究对象则是专门从事施工的施工单位。

水闸工程建设项目管理按不同的管理目标，可制定一系列的管理责任制。如建设部印发的《工程项目施工质量管理责任制》，其内容包括工程报建制度、投标前评审制度、工程项目质量总承包负责制度、技术交底制度、材料进场检验制度、样板引路制度、施工挂牌制度、过程三检制度、质量否决制度、成品保护制度、质量文件记录制度、工程质量等级评定核定制度、竣工服务承诺制度、培训上岗制度、工程质量事故报告及调查制度等15项制度。

项目法施工则侧重于企业管理模式的研究，即只涉及施工项目管理的一般规律。以下仅介绍项目法施工的基本知识。

(一)项目法施工的特征

(1)项目经理负责制，需组建一个精干高效的项目管理班子及其组织保证体系。

(2)以经济责任制为中心，将投资控制目标层层分解，建立以工程项目为对象的责任体系。

(3)合理地组织生产要素的投入，建立生产要素在项目上的动态组织系统，实现优化的劳动组织，合理的机械配套，为项目投资控制打好物资基础。

(4)工期、质量、成本三位一体，在项目实施过程中，紧紧围绕这三个目标，形成以目标管理为核心的管理系统。

(5)优化施工方案。采用先进适用的施工技术与方法，有保证地实现合同工期的先进科学的进度控制计划。

(6)科学组织施工。实行目标管理，运用全面质量管理、网络计划技术、价值工程、计算技术等先进的管理方法，建立完整的质量保证体系。

(二)项目法施工项目的形成

项目法施工项目，是指施工单位拟承揽或已经承揽的施工项目。在建设项目实施的全过程中，施工单位承揽的只是其中施工阶段的工作。一个施工单位通常可以同时承揽若干个施工项目。这些施工项目可以来自一个或数个建设项目(业主)，可以直接来自业主或间接由承包单位分包而得。

在实行招标承包制后，施工单位通过建筑市场投标竞争获得施工项目，因此项目法施工的项目又是指施工单位通过投标竞争而获得的施工项目。

招标承包制是指招标投标和发包承包相结合的制度。前者决定施工单位能否获得项目，后者决定施工单位应该承包该施工项目的工作范围、内容、施工期限及工程造价等。所以，就一个施工项目而言，项目法施工就是工程承包合同所规定的项目。

(三)项目法施工的全过程

项目法施工的全过程，是指施工单位中每一个施工项目的施工全过程，在项目管理中一般称为项目寿命周期。寿命周期包括两层含义:一是指项目全过程经历时间的长短;二是指项目从发生到终结期间必须经过的阶段。

1. 立项阶段

立项阶段的决策者和责任者,为施工单位经营决策层及拟承担该项目的经理部主要成员。本阶段起点是已形成投标或争取该项目的意向,终点为合同的签约。本阶段工作要点如下:

(1)获得有关资料,并决定是否投标。

(2)决定投标后,进一步调查收集更多的资料与信息。

(3)研究分析有关资料,进行风险分析。

(4)确定投标策略,确定报价。

(5)投标,若中标则谈判签约。

2. 规划阶段

规划阶段的决策者和责任者,为项目经理部、施工单位经营决策层及中间管理层。起点从中标签约开始,终点为下达开工令。本阶段工作要点如下:

(1)成立项目经理部,配齐经理部成员。

(2)编制项目工作概要,确定项目管理目标。

(3)施工程序安排,进度和费用计划编制。

(4)分包安排。

(5)完成现场施工的一切具体准备工作。

3. 实施阶段

实施阶段的决策者和责任者,为项目经理部。起点是开工,终点是完成合同规定的施工任务。本阶段工作的要点如下:

(1)进度、费用和质量的控制及计划的调整,施工安全的保证。

(2)确保生产诸要素的及时合理供应。

(3)协调内外关系,处理合同变更、索赔及各种例外性事务。

(4)施工现场管理。

(5)做好交工准备。

4. 终结阶段

终结阶段的责任者仍为项目经理部。起点多与实施阶段交叉,终点为对外债务的清结,对内为项目的评价、总结。本阶段工作要点如下:

(1)工程收尾工作。

(2)试运转。

(3)工程验收,编制竣工文件,办理工程交付手续。

(4)办理竣工决算。

(5)技术经济分析,施工技术和项目管理总结。

(四)项目法施工的系统

系统是相互制约因素有机结合构成的整体。项目法施工把管理的所有项目看成一个系统,而不是一个个孤立的项目。每一个项目都是项目法施工总系统中的一个分系统。

项目法施工系统是施工单位为适应项目法施工需要而设计的层级系统、结构系统。

1. 施工单位的层级系统

(1)经营决策层。是施工单位的利润中心,决定施工单位全局性及战略性问题。

(2)项目综合管理层。将施工单位获得所有项目进行综合管理,为所有项目的指挥、监督、协调中心。

(3)作业管理层。项目直接实现者,这一层的管理直接决定项目合同目标的实现和项目实施中物质资源的节约、成本的降低。

2. 施工单位的结构系统

(1)围绕项目中心的职能结构,主要包括三个分系统:一是经营系统,其职能是项目的寻求和获得、须处理的项目外部关系事务,以及生产要素的获得中需由企业解决的问题;二是技术系统,其作用是技术、质量和安全的服务、指导与监督,以及单位内部标准,定额的制定与管理;三是财务系统,其任务是为单位筹措资金、计划和控制资金的运用。

(2)施工单位战略发展、综合性的职能机构。

二、施工项目经理负责制

施工项目经理负责制是实行项目法施工的关键。实行项目法施工的施工单位,施工项目经理是代表施工单位管理施工项目全过程的负责人,负责项目目标的全面实现。对施工单位来说,施工项目经理是单位项目承包的责任者、单位动态管理的体现者、项目生产要素合理投入和优化组合的组织者、参与项目施工职工的最高指挥者。

施工项目经理负责制,是项目法施工带有核心性质的一项内容,也是施工企业体制改革的重要组成部分。因此,要把施工项目经理负责制的这种管理的组织形式,作为一种实际推行的制度来认识,它必须具备一定的条件才能实行。

(一)施工项目经理的选择

1. 项目经理应具备的素质

(1)施工项目经理必须要有较全面的综合素质,能够独当一面,具有独立决策和工作的能力。如某方面较弱,则须在项目经理班子中配备相对能力较强的人。

(2)施工项目经理工作任务繁重、紧张,具有挑战性和创新开拓性质,所以项目经理应该具有较好的体质、充沛的精力和开拓进取的精神。

(3)项目经理要对项目的全部工作负责,处理众多的单位内外关系,所以必须具有较强的组织管理、协调人际关系的能力。

(4)由于项目经理遇到的许多问题具有"非程序性""例外性",难以套用书上现成的理论知识,而必须依靠实践经验。所以,一个称职的施工项目经理除要有丰富的理论基础知识外,还应具有相当丰富的实际工作经验。

2. 选择项目经理的方式

(1)由施工单位经理委任、指派。这种方式要求单位经理必须是负责任的主体,且知人善任。

（2）由施工单位与建设单位或施工单位内部协商选择。其优点是可以集中诸方面的意见，防止任人唯亲，形成约束机制。

（3）采取竞争招聘的方式。招聘范围可以局限在单位内部，也可扩大到社会。这样可以充分挖掘各方面人才，有利于加强项目经理的责任心和增强进取心。

（二）项目经理的责、权、利

1.施工项目经理的责任

施工项目经理的责任主要有两个方面：一是要保证施工项目按规定的标准完工；二是在限定的人力、物力、财力条件下，保证工程按期保质完成。具体的主要责任如下：

（1）组织精干的项目领导班子。

（2）设计项目组织形式和机构，适当配备项目组成员。

（3）做好项目组成员的思想工作。

（4）处理项目的内部及外部关系。

（5）制订项目计划，并负责工程进度、成本、质量和安全的控制与协调工作。

（6）落实项目的人力、物力和财力条件，组织项目施工。

（7）负责履行合同，处理工程变更，确保项目目标的实现。

（8）组织有关的协调会议，进行信息交流。

2.项目经理的权力

项目经理的权力是实现施工项目经理承担责任的保证。其权力应贯穿到施工项目的所有方面，要贯穿到施工项目的全过程。

从施工项目全过程看，其权力应从施工项目投标前的准备工作开始直至项目完工。一般来说，项目决策前的权力较小，实施阶段的权力较大。

从施工项目所有方面看，施工项目经理的权力应涉及施工过程所有生产要素，其中包括人力、财力、物力、技术及组织管理等。其权力主要如下：

（1）有权处理与项目有关的外部关系，受委托签署有关合同。

（2）有权组织项目经理班子，设计组织形式。

（3）有权在合同范围内组织施工项目的生产经营活动。

（4）有权建立项目内实行的各种责任制，以及分配、奖惩制度。

（5）有权合理调配现场物资、资金、人员，安排部署施工任务与施工进度。

（6）有权拒绝接受违反项目承包合同的要求，协助处理工程变更事项。

3.项目经理的利益

施工项目经理的利益是市场经济条件下责、权、利体系的有机组成部分，是施工项目经理行施权力和承担责任的动力。利益分为两大类：一类是物质利益，在我国目前条件下，其获得的形式是工资、津贴和奖金等；另一类是精神利益，包括晋级、表彰及给予某种荣誉等。

（三）施工项目的经济承包

施工单位推行项目法施工，必须抓住经济承包这一核心。责、权、利的统一，体现了施工项目经理同施工企业的关系，是一种经济关系，应通过施工项目对施工企业的经济承包来确立。

(1)施工项目经济承包合同价款。合同价款主要取决于施工企业对建设单位工程承包合同的价款形式,以及施工企业的内部具体条件。

计价的标准可采用预算定额按施工图预算承包,也可采用施工定额按施工预算承包。由于按施工图预算包干,扣除其中全部或部分的利润计算较为方便,故一般多采用此种方式。

(2)施工项目经济承包形式。取决于工程承包合同的内容和施工项目经理介入或设立的时间。一般有以下形式:

①取得施工任务后再选择施工项目经理,然后根据工程承包合同内容,把工程任务的全部或部分承包给施工项目经理。这种方式是施工单位在投标时可以全面考虑的问题,置个别项目利益于施工企业整体利益中考虑,而且施工项目经理经济承包内容明确易行,但不利于施工项目经理在投标期间充分发挥作用。

②在准备招揽工程任务时,就选择施工项目经理,并确定他在一定的承包条件下,交纳固定总额或固定比例的利润。这种方式有利于充分发挥施工项目经理的工作能力,去争取项目的施工任务,但是在这种形式中,施工项目经理一般难以全面地考虑施工企业的长远利益和整体利益。

三、项目法施工的运行

项目法施工的运行是指施工单位在一定的环境条件下,具体运用项目法施工模式管理项目施工活动的过程。

(一)项目法施工的运行机制

项目法施工的运行机制是项目法施工过程中运行的各要素的有机结合,各要素相互制约、相互作用,形成一种内在的力量推动项目法施工按其内在规律运行,从而实现目标。

1.项目法施工运行机制生产的内在基础

运行机制涉及运行的各要素和外部的环境。项目法施工的运行机制,根源于项目法施工运行的三个层级主体对各自物资利益的追求。在项目法施工中,施工单位要实行分项目的独立核算、自负盈亏,项目内部要实行作业承包和按劳分配制度,这样就使项目法施工运行中出现了相对独立的三个层级主体的利益:施工单位的收入、项目的收入、施工作业人员的收入。这种在共同利益基础上的相对独立的利益是项目法施工运行动力机制生产的内在基础。

项目法施工运行的三个层级主体利益的一致性,促使其相互协作,共同完成项目施工任务。项目法施工运行的三个层级主体利益的相对独立性,又促使其在相互制约中共同协作,完成项目施工任务。完成项目施工任务是三个层级主体利益实现的前提,只有以施工项目为核心运行,才有可能实现较高的效率、最大的效益,才能使各层级主体的收入高于相应的社会平均收入。

正是这种以施工项目为核心,在共同利益基础上的主体间相互协作和相互制约的过程和关系,推动着项目法施工的运行,构成了项目法施工运行的内在动力机制。

2.项目法施工运行机制的特征

项目法施工的运行机制与传统的施工管理模式运行机制不同,主要表现在以下几个方面:

(1)运行的自主性。项目法施工的运行是其内在各要素相互作用的结果,是一种自主的运动过程,目的明确,具有巨大的潜力。

(2)运行的整体性。项目法施工运行的目标是国家、投资者、施工单位目标的统一,是项目成本、工期、质量和产值目标的统一,是施工单位内部三个层级主体目标的统一。项目法施工的运行是各生产要素和施工单位各项组织管理活动全面配套的运动。

(3)运行的动态性。从宏观上看,推行项目法施工,是为了使建筑生产要素或施工技术力量与施工项目的需要不断保持着动态的适应。具体到一个项目上来看,每一个项目都是在特定的地点和时间施工的,内外条件会不断发生变化,为保证项目的顺利实施,生产要素的配置与组合也必须随着变化。所以,对项目的管理必须是动态且有序的。

(二)项目法施工运行的要素

1.运行的主体

项目法运行的主体,从总体上说就是施工单位。由于施工单位是由不同层次、不同职能的人员组成的,故其主体又可细分为施工单位经营管理层成员、项目经理部成员及施工作业班组成员。项目法施工运行是在其运行主题的操纵下实现的。

2.运行的目标

项目法施工的运行作为施工单位的一种自主活动,要有明确的目标。这一目标包括通过运行达到项目法施工模式设计的要求,即运行的目标就是实现设计的目标,以及通过运行对设计的模式进行检验修正和完善。

3.运行的规则

任何一项有目标的活动都必须遵循一定的运行规则。项目法施工的运行规则主要包括以下内容:

(1)按照项目法施工模式的设计标准与要求运行。

(2)按照价值规律和工程建设规律的要求运行。

(3)按照施工项目的工程特点运行。

4.运行的信息系统

项目法施工有效运行的前提是有一个完善的运行信息系统。该系统包括国家宏观控制信息、市场信息、单位内部信息。运行的主体要根据掌握的信息做出决策,调节项目的运行,而运行的状况要通过信息传递给运行主体。

5.运行的客体

项目法施工运行的客体是施工项目。以施工项目为核心运行是项目法施工运行不同于以往施工管理模式运行的重要特征。上述四个运行要素最后都要在施工项目上体现出来,从而实现各自的价值和效用。

(三)项目法施工有效运行条件

项目法施工作为施工单位的一种经济管理模式,除本身的设计和运行需要符合一定的标准和要求外,其有效运行还需要一定的条件。

1. 适宜的运行环境

项目法施工运行的环境,包括单位的外部环境和内部环境条件。

外部环境是指社会环境,主要是国家宏观经济管理和政策环境、建筑市场环境及建设单位状况等。

施工单位的内部条件,包括单位的经营战略、组织结构、技术装备、内部市场环境及内外人际关系等。

适宜的环境,是指符合项目法施工运行基本要求,即项目施工在其中运行不会遇到过大阻力的环境。

2. 施工单位的人员要具有一定的素质

项目法施工在环境、条件一定的情况下,其运行效果取决于施工单位的素质。虽然技术水平和管理水平对推行项目法施工具有非常重要的作用,但技术和管理的最终载体还是人,归根到底还是人的素质问题。

施工单位的人员一般可分为经营决策管理人员、一般技术和管理人员、作业工人三部分。

施工单位经营决策管理人员的主要职责,是对单位总体进行管理,而不是对具体事务的管理,需要战略管理的素质、创新的思想意识和全局观念。尤其是单位经理,需要具有广博的知识、丰富的经验和创造性、全局性的思想。

施工单位一般技术和管理人员的主要工作,是对某一方面或某种具体工作的技术或管理任务负责,不一定需要有很广的知识面和战略管理水平,最需要的是某一方面或从事某种具体工作的素质。如项目经理,必须对项目施工全过程的业务很熟悉,而不一定熟悉单位宏观战略的制定。

施工单位的作业工人,主要负责某一方面具体工作的操作,管理能力不要求很强,需要的是技术水平、具体的操作熟练程度和操作能力。

无论是哪一层次的人员,其思想素质都必须强调项目法施工的推行,离不开人的思想观念的转变。

参 考 文 献

［1］中华人民共和国水利部.水闸设计规范:SL 265—2016［S］.北京:中国水利水电出版社,2016.

［2］中华人民共和国水利部.水工建筑物荷载设计规范:SL 744—2016［S］.北京:中国电力出版社,2016.

［3］中华人民共和国水利部.水工混凝土结构设计规范:SL 191—2008［S］.北京:中国电力出版社,2008.

［4］中华人民共和国住房和城乡建设部.水工建筑物抗冰设计规范:GB/T 50662—2011［S］.北京:中国计划出版社,2011.

［5］中华人民共和国水利部.水工挡土墙设计规范:SL 379—2007［S］.北京:中国水利水电出版社,2007.

［6］中华人民共和国水利部.水利水电工程启闭机设计规范:SL 41—2018［S］.北京:中国水利水电出版社,2018.

［7］中华人民共和国水利部.水利水电工程钢闸门设计规范:SL 74—2019［S］.北京:中国水利水电出版社,2019.

［8］中华人民共和国住房和城乡建设部.堤防工程设计规范:GB 50286—2013［S］.北京:中国水利水电出版社,2013.

［9］中华人民共和国住房和城乡建设部.土工合成材料应用技术规范:GB/T 50290—2014［S］.北京:中国计划出版社,2014.

［10］中华人民共和国水利部.水利水电工程等级划分及洪水标准:SL 252—2017［S］北京:中国水利水电出版社,2017.

［11］中华人民共和国住房和城乡建设部.水利水电工程地质勘察规范:GB 50487—2008［S］.北京:中国计划出版社,2008.

［12］陈德亮.水工建筑物［M］.北京:中国水利水电出版社,2005.

［13］中华人民共和国水利部.水闸施工规范:SL 27—2014［S］.北京:中国水利水电出版社,2014.

［14］陈胜宏.水工建筑物［M］.北京:中国水利水电出版社,2004.

［15］王英华.水工建筑物［M］.北京:中国水利水电出版社,2004.

［16］陈宝华,张世儒.水闸［M］.北京:中国水利水电出版社,2003.

［17］康权.农田水利学［M］.北京:水利电力出版社,1993.

［18］杨邦柱.水工建筑物［M］.北京:中国水利水电出版社,2001.

［19］中华人民共和国水利部.水利水电工程施工组织设计规范:SL 303—2017［S］.北京:中国水利水电出版社,2017.

［20］焦爱萍.水利水电工程专业毕业设计指南［M］.郑州:黄河水利出版社,2003.

［21］刘细龙,陈福荣.闸门与启闭设备［M］.北京:中国水利水电出版社,2002．

［22］中国建设监理协会.建设工程进度控制［M］.北京:中国建筑工业出版社,2007.

［23］李永善,陈珍平.农田水利［M］.北京:中国水利水电出版社,1995.

［24］王汉杰,邵立群.农田水利工程设计范例［M］.长春:吉林科学技术出版社,1994.